GIL 管道母线检修实用技术

魏忠明　　王俊卿　　路华伟

普俊文　　李晓明　　赵红伟　编　著

西南交通大学出版社

·成　都·

图书在版编目（ＣＩＰ）数据

GIL 管道母线检修实用技术 / 魏忠明等编著. —成
都：西南交通大学出版社，2022.1
ISBN 978-7-5643-8416-6

Ⅰ．①G… Ⅱ．①魏… Ⅲ．①特高压输电 – 交流输电
– 母线 – 检修　Ⅳ．①TM726.1

中国版本图书馆 CIP 数据核字（2021）第 239874 号

GIL Guandao Muxian Jianxiu Shiyong Jishu
GIL 管道母线检修实用技术

| 魏忠明　王俊卿　路华伟 | 编著 | 责任编辑 / 李华宇 |
| 普俊文　李晓明　赵红伟 | | 封面设计 / GT 工作室 |

西南交通大学出版社出版发行

（四川省成都市金牛区二环路北一段 111 号西南交通大学创新大厦 21 楼　610031）
发行部电话：028-87600564　　028-87600533
网址：http：//www.xnjdcbs.com
印刷：四川煤田地质制图印刷厂

成品尺寸　170 mm×230 mm
印张　11　　字数　199 千
版次　2022 年 1 月第 1 版　　印次　2022 年 1 月第 1 次

书号　ISBN 978-7-5643-8416-6
定价　58.00 元

本书是专为电力部门从事 GIL 管道母线安装、检修、应急抢险及运行等生产作业人员提供技术技能支持而编写的。

目前，我国电力工业发展和 GIL 管道母线生产制造水平已迈入国际先进行列。随着电力工业的快速发展，电压等级和电网规模不断扩大，作为电力系统的主力设备——GIL 管道母线，在发电厂、变电站和换流站等工程的用量骤增。

本书以中国南方电网有限责任公司在运的"两渡工程"（糯扎渡、溪洛渡水电站）配套项目——±800 kV 普洱换流站和 ±500 kV 牛寨换流站的 500 kV GIL 管道母线三支柱绝缘子更换工程及多个应急抢险实践案例为基础，紧跟 GIL 管道母线检修前沿技术，以现场设备检修为例，使用大量实况图片对 GIL 管道母线安装、检修及修复等进行介绍，尤其通过介绍 500 kV 上层 GIL 管道母线带电运行工况下检修下层 GIL 管道母线的成功案例，分析了本书所述施工方法的潜在价值，助推"碳达峰、碳中和"战略目标早日实现。

本书由云南送变电工程有限公司魏忠明技能大师工作室组织编写。

本书共四章，具体内容及编写情况为：第一章 GIL 设备基本概况及应用，由王俊卿同志编写；第二章 六氟化硫气体处理装置简介，由魏忠明、普俊文同志编写；第三章 GIL 管道母线检修实用技术，由魏忠明、路华伟、赵红伟同志编写；第四章 GIL 管道母线试验和监测，由李晓明同志编写。

本书主要是围绕指导现场实际工作而编撰的，力求实用，注重实效，故更加侧重于现场如何操作和应遵循的标准，而不深入地探讨理论。书中所引用的标准均为现行最新国家标准和行业标准及企业标准，由于各类规范标准的集中引用，可以省去现场查阅各种标准的麻烦，引用起来更加得心应手、事半功倍。如果有新标准发布，而本书与新标准有冲突矛盾时，应按新标准执行。

　　本书初稿完成后，征求了施工单位、运行单位、设备厂家等部分工程技术人员的意见，修改后，由云南送变电工程有限公司副总经理兼总工程师邓申文同志审稿。他们都提出了许多宝贵意见和建议，在此表示衷心的感谢。

　　本书在编撰过程中得到了云南送变电工程有限公司领导、工程技术人员和施工人员的大力支持与帮助，还得到了中国南方电网有限责任公司超高压输电公司昆明局张启浩同志、西电集团西安高压开关有限责任公司李波和张俊国同志提供的参考资料，协助编撰本书的还有云南送变电工程有限公司刘宏、张焱同志等。借此机会向所有在本书编写过程中给予支持、帮助的同志们表示诚挚的谢意。

　　由于时间仓促、水平有限，书中难免存在不足之处，敬请各位读者批评指正，以便编者不断修改、补充与完善。

本书编写组

2021 年 11 月

Contents

目 录

第一章　GIL 设备基本概况及应用

第一节　GIL 管道母线概述

一、GIL 管道母线简介

GIL（Gas Insulated Metal Enclosed Transmission Line）是气体绝缘金属封闭输电线路的简称，自 1972 年投入商业运行以来，已经在世界范围内得到了广泛应用。GIL 是采用六氟化硫绝缘气体、金属外壳与导体同轴布置的高电压、大电流、长距离电力传输设备，具有输电容量大、占地面积小、布置灵活、可靠性高、维护工作量小、寿命长、环境影响小等显著优点，为长距离输电系统提供了理想选择。

相比传统电缆，GIL 输电线路可以满负荷运行，显著高于电缆载流能力，因此，GIL 输电线路在这方面有明显优势。1 回 GIL 输电线路输送容量相当于 3 回电缆，显著高于电缆载流能力，可缩短输电线路走廊，降低成本。

下面以载流量、电压降、热稳定三个方面加以说明。

1. 载流量大

以铝镁系管道母线和架空绝缘电缆为例：截面 373 mm² 的铝镁系管道母线，在最高允许温度为 80 ℃ 时的载流量为 877 A；而截面 400 mm² 的单芯交联聚乙烯绝缘架空电缆的载流量为 856 A，由表 1-1 和表 1-2 可见，同截面 GIL 管道母线的载流量高于电力电缆的载流量。

表 1-1　铝镁系管道母线（LDRE）长期允许载流量及计算用数据

导体尺寸（D/d）/mm	导体截面 /mm²	导体最高允许温度为下值时的载流量/A		截面系数 W/cm	惯性半径 r_1/cm	截面惯性矩 I/cm⁴
		+70 °C	+80 °C			
$\phi30/25$	216	491	561	1.37	0.976	2.06
$\phi40/35$	294	662	724	2.60	1.33	5.20
$\phi50/45$	373	834	877	4.22	1.68	10.6
$\phi60/54$	539	1094	1125	7.29	2.02	21.9
$\phi70/64$	631	1281	1284	10.2	2.37	35.5
$\phi80/72$	954	1700	1654	17.3	2.69	69.2
$\phi100/90$	1491	2360	2234	33.8	3.36	169
$\phi110/100$	1649	2585	2463	41.4	3.72	228
$\phi120/110$	1806	2831	2663	49.9	4.07	299

表 1-2　架空绝缘电缆的载流量　$\theta_a = 30\ ^\circ\text{C}$

截面/mm²		0.6/1 kV						10 kV	
		聚氯乙烯绝缘电缆			交联聚乙烯绝缘电缆			交联聚乙烯绝缘电缆	
		一芯	二芯	四芯	一芯	二芯	四芯	一芯	三芯
铝	10								
	16	83	78	68					
	25	112	97	93	138		72	134	87
	35	139	125	110	172		93	164	107
	50	169	155	130	210		115	198	129
	70	217	194	170	271		140	240	162
	95	265	235	200	332		180	304	198
	120	308	280	240	387		215	352	229
	150	356			448		265	403	262
	185	407			515			465	302
	240	482			611			553	359
	300	557			708				
	400	671			856				

2. 电压降

电气设备电压降的计算公式为

$$\Delta u = \frac{PR + QX}{10U_n^2}\%$$

式中，P、Q 分别为负荷的有功功率和无功功率；R、X 分别为 GIL 的电阻和电抗。由于 GIL 管道母线内部导体为纯电阻，R 很高，X 很低，所以 GIL 的电压降很低。

3. 短时耐受电流大，热稳定可靠

电气设备的热稳定要求：

$$Q \leqslant I^2 t$$

其中，Q 为短路电流产生的热效应；I 为短时耐受电流方均根值；t 为短路电流耐受时间。由于 GIL 管道母线内部充有六氟化硫气体，散热效果明显高于电缆，所以 GIL 管道母线的 Q 高于同截面电缆，进而 I 高于同截面电缆。

GIL 管道母线还具有使用寿命长、安装工期短等特点，但是由于为了节约用地、投资等导致作业场地比较狭窄，也就使得检修较困难，尤其是故障应急抢险更为困难。

二、六氟化硫气体简介

（一）六氟化硫气体概述

六氟化硫，化学式为 SF_6，是一种无色、无臭、无毒、密度比空气大5.1 倍的非易燃惰性气体。六氟化硫是强负电性气体，它的分子极易吸附自由电子而形成质量大的负离子，削弱气体中碰撞电离过程，因此其电气绝缘强度很高，在均匀电场中约为空气绝缘强度的 2.5 倍。六氟化硫化学性能稳定，在 101 325 Pa、20 ℃ 时的密度为 6.16 g/L，具有优良的灭弧和绝缘性能。

20 世纪 60 年代中期起，六氟化硫被广泛用作高压电气设备的绝缘介质。采用六氟化硫气体作为绝缘介质的 GIL 管道输电线路的优点是介质损耗小、传输容量大，且可用于高落差场合，因此常用于变电站、换流站、水电站等出线场所，取代常规的充油高压电缆。

（二）六氟化硫绝缘特性介绍

GIL 中用六氟化硫气体作为绝缘介质，主要绝缘结构有六氟化硫气体间隙的绝缘和六氟化硫中绝缘件的沿面放电两种。

1. 六氟化硫气体间隙的绝缘

最重要的影响因素是电场的均匀性，即电位梯度的最大值越小越好。六氟化硫气体在均匀电场中的绝缘性能十分优良，六氟化硫间隙的击穿场强大约是相同空气间隙的 3 倍。但随电场的不均匀性增大，其绝缘性能急剧下降。在极不均匀电场中，六氟化硫间隙的击穿放电电压甚至低于空气间隙的击穿放电电压。例如：户外高压隔离开关，随着电压的升高，首先出现电晕放电（此时没有发生击穿放电），电压再升高后才发生击穿放电。但在六氟化硫间隙中，电晕起始电压与击穿放电电压很接近。在结构设计中必须避免尖角毛刺，采用圆弧表面、屏蔽罩等措施来获得比较均匀的电场。圆弧表面越小，电场的不均匀性越高，六氟化硫间隙的放电电压降低。

2. 六氟化硫中绝缘件的沿面放电

六氟化硫气体中的绝缘件包括盆式（盘式）绝缘子、支撑用的绝缘子和绝缘筒、绝缘操作杆等。由于环氧树脂和真空浸渍管的绝缘强度高，从它们的内部击穿的可能性不大，因此，它们的放电主要是沿面放电。沿面电场分布情况是决定它们的绝缘水平的主要因素。

三、GIL 设备的设计与结构

（一）GIL 管道母线系统设计

GIL 管道母线适用于交流三相、50 Hz 或 60 Hz 的电力系统，其分段组装和试验在工厂内完成，标准单元长 12 ~ 18 m 不等。弯管段按其发货要求在厂内预组装，其弯折角为 89° ~ 179°，用来改变线路走向，更灵活地减少布线总长，为系统设计提供了选择余地和经济的布置方案。此外，GIL 管道母线还有可预组装的 T 形管段，便于连接分支回路及其他系统元件，如六氟化硫避雷器及电压互感器等。

单相 GIL 管道母线，均由铝合金金属外壳、同心导体、绝缘件和充斥于其中的六氟化硫气体等组成，导体支架为已被实践证明安全可靠的环氧树脂绝缘子。为了提高可靠性，在每个绝缘子支架处，以及在每段 GIL 管道母线的最低点，都设有粒子捕捉器，使 GIL 管道母线设施适应恶劣条件，并能长期可靠安全运行。

在安装、运行及维护方面，GIL 管节较长，既能尽量减少安装时的对接次数，又能降低其运行期间的渗漏气风险。专用的导体插接组件提供了大电流、低电阻的电气连接型式。安装结束之后，GIL 管道母线的维护可大为简化，只需实时监测六氟化硫气体的压力，定期检测六氟化硫气体湿度等，适时检查线路的受力组件。同时，GIL 管道母线内部几乎没有磨损的活动部件，故如果不出意外 GIL 管道母线内部不必检查或维护；在使用期内，可长期、可靠、低成本地安全运行。

（二）GIL 管道母线结构

1. 构件描述

超高压 GIL 管道母线输电线路，一般由三条并列的离相管道母线组成，输电导体与外壳为同心结构。输电线路的每一相均由接地的铝合金外壳和内置管状铝合金导体组成，导体支架为实心绝缘子，管壳内充填六氟化硫气体，保证导体与外壳的电气绝缘。管道线路的每一段，均可采取不同形状的直管段、弯管段、T 形段或交叉段。单个母线段组件，通常配有一个固定式绝缘子，以固定管壳内的导体；如母线段较长，会加配一个或几个滑动式绝缘子，其随 GIL 管道母线温度变化而沿内筒壁位移。固定式绝缘子的材质多为环氧树脂，多为三支柱式和单柱式。气隔绝缘子把 GIL 管道母线管道阻隔成多个独立的气腔。GIL 管道母线中气隔绝缘子用量较小。安装过程中，导体的连接方式为插接。GIL 管道母线与 GIS（气体绝缘金属封闭开关设备）之间设有过渡气室，气室内设有过渡导体。外壳可对焊拼接，也可法兰连接。法兰盘的密封件为双层密封圈或单层密封圈；安装完毕之后，GIL 管道母线须做气密性检验，连接法兰处应做防尘防雨措施或充注密封脂。如果地下铺设管道母线，应加涂防腐保护材料。

2. 粒子捕捉器

绝缘子均配有 Tri-Trap 粒子捕捉器。粒子捕捉器与外壳的电气接触紧密，二者之间形成了低电势区，使得导电颗粒移动到零电势或低电势区，由于场压很低，导电颗粒会被牢牢吸附，不会飘逸而去。此外，在管道母线段的最低点，也布置了粒子捕捉器，以捕获在重力作用下移动的导电颗粒。

3. GIL 管道母线绝缘子

GIL 管道母线绝缘子主要分为用于法兰盘之间的盆式绝缘子和支撑 GIL 管道母线内导体的绝缘子，具有以下功能：

（1）支撑 GIL 管道母线的导体，使导体与 GIL 管道母线筒壁及其他元器件保持足够的电气安全距离；

（2）不通气盆式绝缘子能根据需要把 GIL 管道母线分成若干个气室。

4. 盆式绝缘子（气隔绝缘子）

如果需要将 GIL 管道母线分隔成不同气室，或者需要阻隔污物，可采用盆式绝缘子（气隔绝缘子），又称盘式绝缘子。盆式绝缘子的前后两侧均设有一圈粒子捕捉器。

盆式绝缘子有两种：隔断气室用的不通气式盆式绝缘子和仅支撑导体用的通气式盆式绝缘子。

1）不通气式盆式绝缘子

不通气式盆式绝缘子是用环氧树脂制成的真空状态绝缘子，中间没有空隙不通气，可用来分隔气室。它除了支持 GIL 管道母线的导体之外，还可以将导体与绝缘体分开。

2）通气式盆式绝缘子

通气式盆式绝缘子也是用优质的环氧树脂浇铸而成，与不通式盆式绝缘子相比不同之处在于四周有通孔，只能作支持导体用，而不能将设备分成若干气室。

3）导体支柱绝缘子

支撑 GIL 管道母线内导体的支柱绝缘子分为三支柱绝缘子和单柱式绝缘子。

（1）三支柱绝缘子：又分为固定式三支柱绝缘子和滑动式三支柱绝缘子。

固定式三支柱绝缘子上预埋有采用分段固化工艺及真空浇注的与粒子捕捉器螺栓连接的嵌件，因其受力均匀、牢固、稳定而运用广泛。在各段 GIL 管道母线中均要设置一个固定式三支柱绝缘子，根据母线长度再设置一个或多个滑动式三支柱绝缘子。固定三支柱绝缘子位于管段端部，通过焊接将固定板连接在管道母线的内筒壁上。

滑动式三支柱绝缘子的支腿上设置有与 GIL 管道母线内筒壁可靠连接的滑动触头。GIL 设备型式试验及滑动触头抽检试验中需做滑动触头的循环寿命试验。试验应满足《气体绝缘金属封闭输电线路技术条件》（DL/T 978—2018）规定的特殊机械试验要求，在正常工作条件下允许滑动循环次数应不少于 15 000 次。制造厂应提供相关试验报告。

（2）单柱式绝缘子：机械强度较差，在一些地震烈度较低、振动频次较少幅度较小的场所，也可采用单柱式绝缘子来支撑管道母线导体。

5. 弯管段、T形段和交叉段

如需改变 GIL 管道母线走向，或者需要多点分接，可采用弯管段、T 形段或交叉段，以便形成 T 形段支路，形成与六氟化硫避雷器、电压互感器对接的 T 形连接，或者按照客户的接线方案实现 T 形连接。弯管段的弯折角为 79°～179°，可以任意角度改变管路走向，使得回路设计极具灵活性。弯管段、T 形段和交叉段的外壳为斜接，导体为专用铸造件，绝缘子靠近接头位置，将导体置于管壁中心。由于支持绝缘子布置在直管段，所以弯管段、T 形段或交叉段出厂前至少与某节直管段组装在一起。

6. 基础支架

地上或沟内敷设 GIL 管道母线的时候，需按一定的间距布置支架，以保证系统运行安全。GIL 管道母线的架设地点互有差异，其设计的细节不尽相同，应确保支撑得当，使 GIL 管道母线无论在正常状况下，还是在地震等异常条件下，都能持续正常运行。基础支架上应设限位挡块，以限制 GIL 管道母线在地震时的位移方向及位移偏差在允许范围之内。

7. 导体连接设计

GIL 管道母线相邻两段导体的连接，一律采用 HM 型压指插接组件。接触元件布置在导体插口的底部，其相邻导体的插头镀银，插头滑入插口，实现连接。这种连接方式，可为系统运行提供较低电阻的电流路径。

8. 外壳连接设计

GIL 管道母线段一般采用螺栓法兰盘连接，法兰盘上设有两层密封圈，以阻止六氟化硫气体泄漏。内层密封圈用来维持管内的气压，外层密封圈用作环境屏障，保护内层密封圈不被氧化延长使用寿命。管道母线敷设就位之后，为保障系统可靠运行，每一个法兰连接处均布置了漏气观测点，以证实内外层密封圈已安装妥当。除法兰连接方式外，还可以采用全线焊接方式。GIL 母线管道的专用焊接设计，主要用于填埋布线，特殊使用条件下也可采用地上敷设方式。

9. 气体密度在线监测系统

GIL 管道母线的气体监测装置为温度补偿式六氟化硫气体密度继电器，直接安装在线路管道上。气体密度继电器通常设有报警和闭锁接点，分别在常态工作密度降低 10%和 20%的时候发出报警信号。管道母线的额定绝缘强度，以第二级报警时的绝缘水平为设计及试验条件。各相的每个独立气室均配有六氟化硫气体密度继电器，偶尔也可通过加装阀门和旁管来连通监测相邻气室。

10. GIL 管道母线接口设备

接口设计灵活多样，GIL 管道母线接口设计已与多种设备实现对接，与之对接的设备大多布置在 GIS 变电站，这些设备产自不同的生产厂家，如 ABB、日立、三菱、东芝、AREVA（阿海珐）和西安西电等设备制造厂。为使变电站设计更具灵活性，GIL 厂家一般都能提供多种接口设备供货，其中主要包括以下几种：

（1）连接发电厂主变或厂用变高压侧的油-六氟化硫套管的连接装置；

（2）连接变电站敞开式设备或架空线路的六氟化硫-空气套管；

（3）连接六氟化硫避雷器和电压互感器的连接装置；

（4）连接不同 GIS 设备的六氟化硫接口，包括断路器、隔离开关、接地开关等。

无论变电站的接口设备是否由 GIL 厂家提供，一般厂家都会负责向用户提供接口的非标设计和供货。

11. 六氟化硫-空气套管

如果 GIL 管道母线终端设备为空气绝缘元件，如断路器或架空输电线路，则采用六氟化硫-空气套管作为过渡元件。

12. 变压器接口设备

GIL 管道母线用来连接发电机升压变压器或厂用变压器的时候，可以考虑用成套六氟化硫绝缘设备，以便尽量减少布置空间。GIL 管道母线与变压器的接口设备，为布置在变压器上的油-六氟化硫套管连接装置。

13. 接地装置

1）概述

六氟化硫气体绝缘设备的接地特别重要，因为 GIS 或 GIL 设备外壳包围着母线，相当于环绕着载流导体的感应线圈，它在外壳感应电压，并通过感应电流。500 kV GIL 管道母线多为单相结构，其感应电流的数值与主电路的电流差不了多少，将引起涡流，使金属零件发热，也使设备的输送容量被减少。如果接地不良，将产生危及人身安全的电压。同时，接地电流严重干扰电子元件，为此 GIL 管道母线外壳的接地必须遵照设计的要求进行。

由于接地电流较大，故接地引线一般都用镀锌扁（圆）钢、镀锡铜排或镀锡多股（片）软铜辫子，其连接必须可靠，接触良好，否则将引起接头发热。设备外壳的接地线都是用螺栓连接的，其接头接触面必须镀锡（银），使其接触电阻减至最小。

2）常用接地方式

GIL 管道母线除了壳体需接地外，钢支架也必须与主接地网可靠连接。GIL 管道母线的接地线必须保证其连续性、完整性。有些制造厂家将两个金属法兰盘直接连接死，之间就不再设置接地跨条。凡两个金属法兰盘有盆式绝缘子连接的，采用的连接方式多采取弓形、U 形、Z 形接地跨条配合压板连接，如图 1-1 所示。

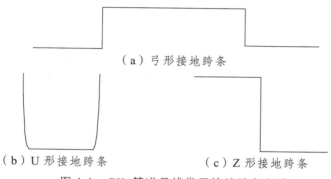

（a）弓形接地跨条

（b）U 形接地跨条　　　　　　（c）Z 形接地跨条

图 1-1　GIL 管道母线常用接地跨条方式

14. 补偿单元和金属波纹管

补偿单元和金属波纹管主要用于补偿管道母线因温度变化而产生的伸缩变形，也用于 GIL 管道母线因安装调整等需要的长度补偿，还能补偿因地基不均匀沉降引起的变化，再有就是能补偿地震等剧烈振动引起的变化等。按照补偿功能不同分为安装、沉降和温度补偿型。按使用位置不同主要分为弯管式膨胀节、波纹管膨胀节和套管伸缩节 3 种结构形式。可采用垂直或水平安装方式，一般设在 GIL 管道母线转弯拐角处。

补偿单元和金属波纹管应做循环寿命试验项目。对于同时实现两种或多种补偿功能的金属波纹管应进行对应的全部试验项目。安装型金属波纹管只需进行安装补偿循环寿命试验；单补沉降的金属波纹管需要进行基础沉降补偿循环寿命试验和地震位移补偿循环寿命试验；温补型金属波纹管需要进行安装补偿循环寿命试验、地震位移补偿循环寿命试验和温度补偿循环寿命试验。试验结束后，应进行真空气密性和六氟化硫气体气密性定性检查，结果应无泄漏现象。

第二节　GIL 管道母线运行环境下的常见问题

一、概　述

　　GIL 管道母线输电技术最大的优势就是输送容量大。虽然 GIL 管道母线在运行中的故障普遍少于常规设备，但内部导体温度、各类局部放电和结构装配等 6 项核心指标任何一点微小的异常都会造成影响，甚至发展成事故。

二、运行环境下的事故案例

1. GIL 管道母线触头抵死缺陷

　　2012 年 9 月，云南昭通某变电站受地震影响出现了部分 GIS 地基下沉，GIS 管道母线筒最大沉降约 30 mm。

　　用 X 射线数字成像检测系统对 GIL 管道母线内部进行检测，具体 DR 检测参数设置如下：管电压 200 kV，管电流 3 mA，焦距 1 100 mm，采集时间 4×2 s。检测得到的正常触头和触头抵死的图像，如图 1-2 所示。根据检测结果，有关部门进行了有针对性的检修工作。

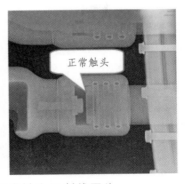

图 1-2　触头抵死与正常触头 X 射线图片

2. 复合绝缘子击穿缺陷

　　2012 年 10 月，昆明某基地在对 500 kV 硅橡胶复合绝缘子进行耐压试验后，发现部分绝缘子表面出现直径约 1 mm 的小孔。对其再次加压，用红外成像仪检测发现绝缘子部分区域红外温度偏高。

用 X 射线数字成像检测系统对 500 kV 硅橡胶复合绝缘子内部进行检测，具体 DR 检测参数设置如下：管电压 80 kV，管电流 3 mA，焦距 700 mm，采集时间 4×2 s。DR 检测结果：加压后的硅橡胶复合绝缘子芯棒内部存在烧蚀通道，芯棒也存在裂纹，如图 1-3 所示。

 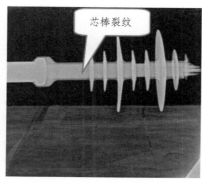

图 1-3　硅橡胶复合绝缘子芯棒内部烧蚀通道和裂纹 X 射线图片

3. 三支柱绝缘子炸裂故障

"两渡工程"（溪洛渡、糯扎渡）自投运后，西安西电公司生产的 GIL 管道母线设备发生多起固定三支柱绝缘子炸裂故障。分解后发现炸裂的固定三支柱绝缘子嵌件表面均存在放电点，放电通道发生在固定三支柱绝缘子内部，分析认为炸裂的根本原因为固定三支柱绝缘子生产工艺存在分散性，导致固定三支柱绝缘子低压侧嵌件与环氧树脂材料界面黏结强度不足。固定三支柱绝缘子炸裂故障后场景如图 1-4 所示。

图 1-4　炸裂后的固定三支柱绝缘子

4. 密度继电器漏气故障

某换流站 500 kV GIL 管道母线,在运行中发现某气室六氟化硫气体密度继电器压力异常下降。停电后,用肥皂泡法发现六氟化硫气体密度继电器表头与表座接口处有六氟化硫气体逸出,暴露六氟化硫密度继电器漏气故障,如图 1-5 所示。

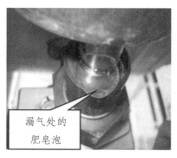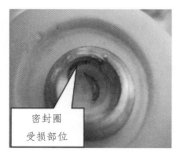

图 1-5　六氟化硫气体逸出及铜密封圈受损

5. 地基沉降故障

2019 年,某换流站年检过程中,发现水平转角处的 500 kV GIL 管道母线补偿单元和金属波纹管有下沉变形情况,通过进一步检查发现,由于水平转角处的补偿单元和金属波纹管较重,整改前左侧的钢支架位置布置又稍远,同时,该区域为高填方区,随着时间的推移、雨水的侵蚀而出现基础不均匀沉降所致,如图 1-6 所示。后在补偿单元和金属波纹管与左侧钢支架之间,各相加装独立钢支架,消除了设备隐患,如图 1-7 所示。

图 1-6　不均匀沉降导致补偿单元和金属波纹管下沉

加装支架

图 1-7　整改前后

第三节　应用范围及应用价值

一、应用范围

与常规电缆系统和架空输电线路相比，GIL 管道母线输电容量大，布置紧凑而灵活，有效的电磁屏蔽，运行可靠而安全，使其在某些特定的使用环境和条件下，技术优越性更加突出。GIL 管道母线适用于电压等级为 110 kV 及以上，载流量可达 5 500 kA 的输电系统。

1. 与 GIS 变电站的线路连接

（1）架空线路与变压器之间的连接；

（2）GIS 变电站改扩建。

2. 变电站改扩建

穿越已有的空气绝缘母线或架空线路，同其他方案相比，GIL 管道母线的优势较为明显。

3. 优化电厂布置

（1）多台变压器的出线共用一回 GIL，可压缩变电站规模，减少开关设备数量；

（2）若地下空间有限，可在地面以上布线，以拓展通道；

（3）比架空线路占用工期短，可迅速投运。

4. 优化水电站布置

（1）GIL 沿竖井敷设，将地下电站的电能送出；

（2）多台变压器共用一回 GIL 出线，减少出线数目，从而缩小出线洞洞径，减少土建投资；

（3）GIS 变电站布置在地下，可以减少出线截面积，并降低被山上塌石击毁的风险。

5. 输电线路

如需新增入网回路，可从现有的输电线路下方穿越输电线路移入地下，少占地而且美观。

二、应用价值

1. 应用 GIL 管道母线的经济效益

（1）载流能力强，可减少电厂和变电站的输电回路数目，降低总体成本；

（2）可解决部分特殊地区因空间位置限制不能使用架空线路的问题；

（3）可靠运行 50 年的设计使用寿命远超过电缆附件的预期寿命，降低总体成本；

（4）损耗远远小于电缆和架空线路，产生累积经济效益；

（5）敷设方式灵活方便，从而可以减小线路距离，减小土建和机电成本；

（6）单节管道单元较长，而且大部分工作可在工厂内完成，安装工期短，降低安装调试成本；

（7）维护和检修量少，可靠性高，有效提高电厂和变电站的可用率。

2. GIL 管道母线与 GIS 结构的比较

GIL 管道母线相当于更长的 GIS 母线，它的结构比 GIS 简单得多，因 GIL 管道母线线路长，对影响产品质量因素有其自身的特点：

（1）热胀冷缩是影响产品可靠运行的关键因素；

（2）加工精度偏差以及装配偏差的累积增大，必须有效控制；

（3）管体的内表处理和清洗困难；

（4）现场安装环境复杂。

第二章 六氟化硫气体处理装置简介

六氟化硫电气设备解体大修前，应按《电气设备预防性试验规程》（DL/T 596—2015）、《电力设备用六氟化硫气体》（DL/T 1366—2014）、《六氟化硫电气设备中绝缘气体湿度测量方法》（DL/T 506—2018）、《六氟化硫气体湿度测定法（电解法）》（DL/T 915—2005）等相关规定的要求进行气体检验。

500 kV GIL 管道母线根据压力、截面积等参数，管道母线内充注气体中各制造厂家略有差异，一般为 8～9 kg/m。一般变电站、换流站内的 GIL 管道母线短则百十米，长则几千米，所以，涉及六氟化硫气体处理数量较多。气体处理主要涉及六氟化硫气瓶的搬迁和贮存保管、气室抽真空、六氟化硫气体回收（包括残余气体回收）、吸附剂更换、气室六氟化硫气体充注、六氟化硫气体提纯净化等。本章重点介绍六氟化硫气体回收净化装置及六氟化硫气体处理辅助装置等。

第一节 六氟化硫气体搬运和贮存保管

气瓶的搬运和贮存保管注意事项：

（1）六氟化硫气瓶的安全帽、防振胶圈等配件应齐全，安全帽应拧紧；搬运时应轻装轻卸，严禁抛掷、溜放、敲击或碰撞。

（2）气瓶应存放在防晒、防潮和通风良好的场所；不得靠近热源和油污的地方，严禁水分和油污附着在阀门上。

（3）当气瓶保存在室内时，应装设强力通风装置，排风口应设置在室内墙壁底部，开关应设置在室外。

（4）六氟化硫气瓶与其他气瓶不得混放，气瓶要使其立在架子上标志向外，运输时可以卧放；六氟化硫气瓶标识应清晰、完整。

（5）着火时，应喷雾状水保持钢瓶冷却。

（6）六氟化硫气体储藏室、电气设备室发生大量泄漏等紧急情况时，人员应迅速撤出现场，开启所有排风机进行排风。未佩戴隔离式防毒面具或正压式呼吸器人员禁止入内。

（7）工作人员进入六氟化硫储藏室、电气设备室及其电缆层（隧道）前，应先通风 15 min，并用检漏仪检测六氟化硫气体含量合格。尽量避免一人进入六氟化硫储藏室、电气设备室及其电缆层（隧道）进行巡视，不应一人进入从事检修工作。

（8）六氟化硫储藏室、电气设备室与其下方电缆层、电缆隧道相通的孔洞都应封堵。六氟化硫储藏室、电气设备室及下方电缆层隧道的门上，应设置"注意通风"标志。

（9）当涉及六氟化硫气体现场提纯净化时，要及时做好提纯净化、充装压瓶的工作。充装压瓶前后应对气瓶抽真空、称重，如图 2-1 所示，将气体状态标识牌（见表 2-1），粘贴在每一只气瓶瓶身上。气体状态标识牌上要标识清楚气体状态、重量、日期和责任人等信息。并逐一进行取样检测，避免气室抽真空后误充注待处理不合格的六氟化硫气体。

图 2-1　提纯净化合格的气体称重压瓶

表 2-1　六氟化硫气瓶状态标识牌

气体状态	气体重量	日　期	责任人	备　注

（10）经过回收、提纯净化的六氟化硫气体，运到现场后，每瓶均应作含水量检验及分析。检验结果有一项不符合规范要求时，应以两倍量气瓶数重新抽样进行复验。复验结果即使有一项不符合，此批提纯净化的六氟化硫气体不应验收。

（11）六氟化硫气体在储气瓶内存放半年以上时，使用单位充气于六氟化硫气室前，应复检其中的湿度和空气含量，指标应符合新气标准。

（12）设备内充注六氟化硫气体的含水量和漏气率，应符合现行国家标准《电气装置安装工程　电气设备交接试验标准》（GB 50150—2016）的有关规定。

（13）六氟化硫电气设备制造厂和使用单位，在六氟化硫新气到货的一个月内，均应按照《六氟化硫气瓶及气体使用安全技术管理规则》和《六氟化硫电气设备中气体管理和检测导则》（GB/T 8905—2012）中的有关规定进行复核，抽样检验。验收合格后，应将气瓶转移到阴凉干燥的专用场所，立直存放。未经检验的新气不能同合格的六氟化硫气体存放一室，以免混淆。对国外进口的新气，也应进行复检验收。验收标准按《工业六氟化硫》（GB/T 12022—2014）新气质量标准验收。

第二节　六氟化硫气体处理装置简介

为了助推尽快实现"碳达峰、碳中和"的战略目标，国内持续关注六氟化硫绝缘气体的回收、处理及再利用工作，如云南、贵州、广西、上海、重庆、河南等各省开展的一些研究回收处理和再利用工作，正在进行的清洁发展机制项目，对减少温室效应气体的排放和保护环境都将起到积极的促进作用。

六氟化硫气体回收净化装置的主要用途是：六氟化硫气体绝缘设备安装检修时，对设备（含气瓶）进行抽真空，向设备内充注合格的六氟化硫气体，检测或故障处理时回收气室中的六氟化硫气体，提纯净化使用过或不合格的六氟化硫气体，贮存合格的六氟化硫气体等。

一、装置组成

装置主要由以下五个部分组成：

（1）真空系统，包括高真空泵、真空阀门等。要求整个系统密封性能满足系统抽真空的要求，并可承受高真空。

（2）压缩系统，可采用二级压缩机、隔膜式压缩机，由压力表、阀门等共同组成压缩系统。

（3）净化系统，主要由各级过滤器组成。采用吸附净化或冷凝蒸发等不同的方式去除六氟化硫气体中的杂质。

（4）散热系统，由风扇、散热片等组成。

（5）控制系统，由各类表计、阀门组成，如真空表、压力表、温度表、截止阀、控制阀、减压阀、安全阀、止回阀等。

二、装置能力

装置应具有以下能力：

（1）抽真空能力。极限真空应能达到 13.3 Pa。

（2）净化气体的能力。处理后的气体经检验能到达六氟化硫新气的指标，可达到回收再利用的目的。

（3）回收气体的能力。回收气体可采用气态或液态存储，采用压缩泵可提高回收率及存储能力。

（4）存储气体的能力。配置储气罐，存储气体量的大小取决于储气罐的大小及液化能力。

三、六氟化硫气体回收净化装置

目前，我国的六氟化硫气体处理设备已具有优良的智能性和高度可靠性。国内部分制造厂家生产的六氟化硫气体处理设备功能齐全、性能稳定，已逐渐代替同类进口产品，同时，还延伸拓展出了气体状态在线监测等衍生功能，并广泛运用于电力、六氟化硫气站等行业中大型电气设备应急抢险、抢修现场。下面重点介绍 RF-300 型六氟化硫气体回收净化装置（见图 2-2）。

（一）装置简介

RF-300 型六氟化硫气体回收净化装置，是一种大型 PLC（可编程逻辑控制器）自动控制的六氟化硫气体处理设备，具有独立抽真空及系统抽真空、回收净化处理、循环净化处理、气体回充等功能。

图 2-2　RF-300 型六氟化硫气体回收净化装置

装置采用进口双旋片真空泵、无油压缩机，气体回收与回充采用独立管路，避免交叉污染，主要操作阀门为电磁阀组，启动运行及功能操作由工控机管理执行，操作界面简洁友好、直观明了、简单易懂，用户使用方便、安全。

装置为多功能模块化、集成化一体设备，使用触摸屏显示、操作，PLC工控机执行自动运行，工作人员只需监视、查看工作流程及仪表信号，并辅以必要的操作进行调节，即可完成相应功能。

（二）技术参数

RF-300 型六氟化硫气体回收净化装置主要技术参数如下：

真空泵抽速：64 m³/h（最大值）；

极限真空度：≤10 Pa；

回收入口压力：<0.6 MPa；

回充钢瓶压力：<3.5 MPa；

回收速率：150 kg/h（最大值）；

充气速率：80 kg/h（最大值）；

年泄漏率：≤1%；

储罐工作压力：5 MPa；

粉尘过滤精度：＜1μm 粒径的粉尘颗粒；

处理后气体品质：符合国家标准《工业六氟化硫》（GB/T 12022—2014）规定的新气标准。

（三）功能简介

（1）抽真空功能：其中包括回收口抽真空、回充口抽真空、对外接设备抽真空、分子筛抽真空、提纯罐抽真空、本体系统抽真空。

（2）回收处理功能：其中包括回收至提纯罐、回收至外接储罐或钢瓶（回收过程包括正常工况状态下气体回收净化处理和负压状态下残余气体的回收净化处理）。

（3）循环净化处理功能：将回收至提纯罐内的气体进行循环净化处理。

（4）提纯功能：回收至提纯罐内气体进行净化提纯。

（5）气体输出回充功能：其中包括提纯罐内气体对外直接充气输出（直充钢瓶和气室）、启动增压机的压力模式下充气输出（压充钢瓶和气室）。

（6）RF-300 型六氟化硫气体回收净化装置各功能单元通过管线、阀门、仪表的连接组合将各单元设备连接成为一个有机整体，使用上位机 PLC 自动控制，配以人工辅助操作完成其对气体的回收及净化处理操作：

① 系统抽真空——由高性能油封旋片式真空泵对系统管道、功能单元及提纯罐内的残余气体进行抽送和排出，以达到相对较高的负压（即真空度）。

② 气体回收净化处理——通过分子筛以及精密过滤器处理后的气体经由回收压缩机进气口自动吸气，气缸活塞对气体压缩做功，由出气口输出——压缩至提纯罐。当气源气体回收至负压状态时，本装置的工控机自动启动真空压缩机，启用旁路回收路径，将回收操作切换到残余气体的负压回收功能状态。负压回收时，由真空压缩机负压吸气、压缩、压力排气——将残留气体输送给六氟化硫气体回收压缩机，将气源气体彻底回收干净、完全。

③ 气体循环净化处理——回收至提纯罐中的六氟化硫气体品质较差，杂质多，分解物超标，或水分含量大时，应执行循环净化处理。气体循环净化时，通过分子筛及精密过滤器的多次吸附处理，并经过特有的液化驱动系统处理后，使气体品质得到改善。

说明：

a. 在执行气体循环净化时应手动调节 C8 阀门，对压缩机进气口循环净化的气体流量进行调节。

b. 提纯——回收的气体经过设备的循环净化仍不能到达国家新气质量标准要求时，应执行气体提纯处理。气体提纯时，提纯罐内的气体，在提纯装置内进行循环处理，将非六氟化硫气体与纯净的六氟化硫气体分离，分离后的非六氟化硫气体储存于提纯装置的顶部，纯净六氟化硫气体以液态保存于提纯罐底部。在特定条件下执行排空操作，排除非六氟化硫气体。

c. 直接充气——将提纯罐内回收处理的气体直接输入外接钢瓶。气体直充是利用压力差的原理，气体由压力高的一端向压力低的方向流动，不需要输送动力。

d. 压力充气——将提纯罐回收处理的气体压充输入外接钢瓶。压充输出时增压机工作，使气体由提纯罐流出，然后被加压输送至外接储气罐或储气钢瓶中。

e. 在系统流程功能说明中，除打开阀门为阀门开启工作状态外，其余阀门为关闭状态。

f. 在充压电气设备气室时（直充或压充），电气设备气室应与调压接口连接。

注意：

a. 设备工作前，首先对装置进行气密性试验（设备出厂时已经进行过气密性试验及功能调试，设备长期停用后再次使用时需进行气密性试验）。气密性试验合格后，检查设备内部各手动阀门，手动阀门仅在设备维护检修时方可关闭，再检查真空泵油是否异常等。检查完毕后，为设备接通电源，外接电源必须要有可靠的接地，闭合设备电源开关，相序正确后可执行相应的功能操作。

b. 重量校准：

（a）排空提纯罐内的气体，并抽真空合格。

（b）准备 20～25 kg 的砝码或者物体，如用物体代替砝码需用电子秤确定其重量并记录。

（c）在上位机操作桌面上点击"系统维护"→"重量校准"。

（d）重量校准确定打开之后，在"标称值"一栏中输入砝码或代表砝码的物体重量（之前记录下来的重量值）。

（e）把砝码放置在提纯罐顶端固定好，这时，"称量值"一栏中会显示出砝码的重量，若重量与"标称值"基本保持一致，则说明误差不大。

（f）之后"采样值"一栏中的数字会有所波动，待稳定后点击下方的"校准"按钮，再点击重量"归零"，重量校准即完成。

（四）工艺流程

六氟化硫气体处理工艺流程，见附录 A。

（五）阀门介绍

设备系统中，阀门 V1~阀门 V12 为电磁阀，由 PLC 根据流程功能操作需要自动执行打开或关闭任务。

阀门 C1、C2、C3、C6 为常开球阀，设备检修或局部检漏时关闭。

阀门 C4 为 DN10 手动针形阀，是提纯装置气体排空阀门，为常开状态（阀芯拧开半圈），仅在气体提纯后，色谱检测空气含量超标，予以打开排放非六氟化硫气体组分。

说明：

（1）排出非六氟化硫气体时，应检测排出气体的组分。

（2）阀门 C8 为低压调压阀，为常开状态，输出压力出厂前已设定。

（3）阀门 C5 为调压器，为常闭状态，仅在气体回充输出或系统抽真空时才开启此阀门，在回充输出时根据充气压力要求开启并调节此阀门。

（4）阀门 D1、D2 为制冷系统电磁阀，由 PLC 控制其开启（或关闭）操作，在制冷机组启动（或关闭）时自动打开（或关闭）其相对应的制冷循环。

（5）A1 阀门是高压制冷电磁阀，为常闭状态，仅在排除提纯装置内非六氟化硫组分时才予以点动打开此阀门。

（6）A2 阀门是真空电磁阀，为常闭状态，仅在抽真空时才打开此阀门。

（六）流程操作

说明：

流程操作为系统设备的流程原理分解，除手动阀门外，实际工作时阀门的开启与关闭由 PLC 自动控制，运行部件的启动与停止也是由 PLC 管理运行，流程操作只是设备工作状态的一种逻辑说明。

1. 抽真空模块

1）对回收口抽真空

说明：

（1）外接设备与本装置六氟化硫气体回收口相连接并锁紧，保证气密性；

（2）真空泵运行稳定，依次打开阀门 A2，阀门 V5；

（3）执行对回收口抽真空功能操作；

（4）电磁阀的开启、闭合由 PLC 控制；

（5）真空度达到设定要求后，先关闭阀门 A2，停止抽真空运行，回收口抽真空操作结束，如图 2-3 所示。

图 2-3　回收口抽真空

2）对回充口抽真空

说明：

（1）外接设备与本装置六氟化硫气体回充口相连接并锁紧，保证连接处的气密性；

（2）真空泵运行稳定，依次打开阀门 A2、V5、V1；

（3）执行对回充口抽真空功能操作；

（4）电磁阀的开启、闭合由 PLC 控制；

（5）真空度达到设定要求后，先关闭阀门 A2，停止抽真空运行，回充口抽真空操作结束，如图 2-4 所示。

图 2-4　回充口抽真空

3）对外接设备抽真空

说明：

（1）将外接设备与本装置对外抽真空接口相连接并锁紧，保证连接处的气密性；

（2）真空泵运行稳定，打开阀门 A2；

（3）执行对外接设备抽真空功能操作；

（4）真空度达到设定要求后，先关闭阀门 A2，停止抽真空运行，对外抽真空操作结束。

注意：

系统对外接设备抽真空时不影响其他部分正常工作，如图 2-5 所示。

图 2-5　对外接设备抽真空

4）对分子筛抽真空

说明：

（1）真空泵稳定运行，依次打开阀门 A2、V5、V2；

（2）执行对分子筛抽真空功能操作；

（3）电磁阀的开启、闭合由 PLC 控制；

（4）真空度达到设定要求后，先关闭阀门 A2，停止抽真空运行，分子筛抽真空操作结束，如图 2-6 所示。

图 2-6　分子筛抽真空

5）对提纯罐抽真空

说明：

（1）真空泵稳定运行，依次打开阀门 A2、V5、V1、V4、V9，手动阀门 C2 为常开状态；

（2）执行对提纯罐抽真空功能操作；

（3）电磁阀的开启、闭合由 PLC 控制；

（4）真空度达到设定要求，先关闭阀门 A2，停止抽真空泵运行，提纯罐抽真空操作结束，如图 2-7 所示。

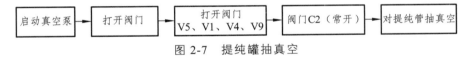

图 2-7　提纯罐抽真空

6）对本装置系统抽真空

说明：

（1）真空泵稳定运行，依次打开阀门 A2，阀门 V1 ~ V12，手动阀门 C1 ~ C5、C7、C8 为常开状态；

（2）执行对本装置系统抽真空功能操作；

（3）电磁阀的开启、闭合由 PLC 控制；

（4）真空度达到设定要求后，先关闭阀门 A2，停止抽真空运行，系统抽真空操作结束，如图 2-8 所示。

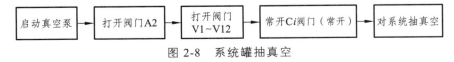

图 2-8　系统罐抽真空

注意：

设备系统在执行上述抽真空各项功能操作时，功能模块互相独立。

7）排空

说明：

（1）执行提纯功能后，六氟化硫气体中空气组分超标需进行排空操作；

（2）排空操作时，阀门 C4 为常开状态且拧开 1/2 圈左右，开启电磁阀 A1，10 s 后自动关闭。

（3）电磁阀 A1 开启由 PLC 控制，如图 2-9 所示。

图 2-9　排　空

2. 气体回收处理模块

1）回收至提纯罐

说明：

（1）图 2-10 所示为本装置对六氟化硫气体回收净化处理至提纯罐的工作原理图；

（2）首先将需要对六氟化硫气体进行回收处理的电气设备或储气罐用专用软管与本装置的回收接口连接并锁紧，并保证其气密性；

（3）系统流程中常开阀门为常开状态，电磁阀开启时，先打开压缩机后级排气端阀门，后打开压缩机进气端前级阀门；

（4）回收工作由工控机管理运行，阀门的开启与运行部件的工作原理如图 2-10 所示；

（5）回收前需对进气管道和本装置系统抽真空，真空度合格后方可进行回收工作；

（6）提纯罐中气体压力达到 2.5 MPa 左右应停止回收，图 2-10 所示。

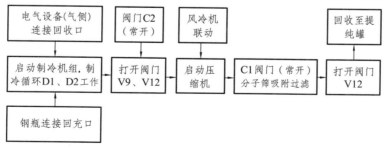

图 2-10　回收至提纯罐

2）回收至外接钢瓶

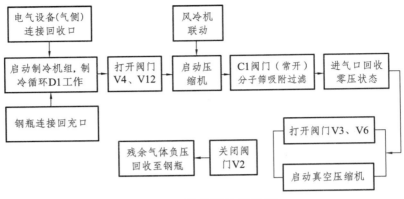

图 2-11　回收至外接钢瓶

说明：

（1）图 2-11 所示为本装置对六氟化硫气体回收净化处理至外接储气罐或钢瓶的工作原理图；

（2）首先，将需要对六氟化硫气体进行回收处理的电气设备或气源储罐用专用软管与本装置的回收接口连接并锁紧，同时将外接储罐或钢瓶用专用软管与本装置的回充接口连接并锁紧，保证其气密性；

（3）系统流程中常开阀门为常开状态，电磁阀开启时，先打开压缩机后级排气端阀门，后打开压缩机进气端前级阀门；

（4）回收工作由工控机管理运行，阀门的开启与运行部件的工作原理如图 2-11 所示；

（5）回收前需对进气管道、出气管道、外接储罐和本装置系统抽真空，真空度合格后方可进行回收工作；

（6）外接储罐中气体压力达到 3.7 MPa 左右应停止回收，如图 2-11 所示。

3. 气体循环净化处理模块

说明：

（1）当回收至提纯罐内六氟化硫气体污染比较严重，气体组分复杂，水分等杂质含量超标时，应执行提纯罐循环净化处理功能操作；

（2）系统流程中常开阀门为常开状态，电磁阀开启时，先打开压缩机后级排气端阀门，后打开压缩机进气端前级阀门；

（3）循环净化工作由工控机管理运行，阀门开启与运行部件的工作原理如图 2-12 所示；

（4）执行本项功能时需要人工辅助调节 C8 阀门，以调整压缩机的进气流量；

（5）循环净化的时间及次数视气体品质而定，如图 2-12 所示。

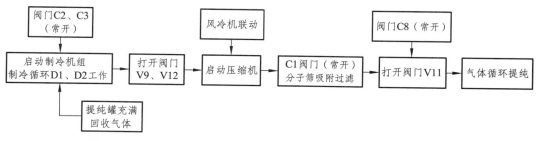

图 2-12　循环净化

4.气体提纯处理

六氟化硫气体提纯净化原理：提纯净化是利用六氟化硫气体比空气重的特性，将气体冷冻加压到一定压力和温度，气体在由气态变成液态或固态的过程中，六氟化硫气体下沉到容器罐底，空气和杂质上浮到罐顶自然分离，温度达到 – 10 °C 压力达到 0.7 MPa 时，即可关机开展后续工作。

说明：

（1）图 2-13 所示为本装置对提纯罐内六氟化硫气体进行提纯处理的工作原理图，在执行气体提纯时，提纯罐内回收有足够的六氟化硫气体；

（2）执行提纯前，检测提纯罐内空气组分超标；

（3）提纯操作由工控机管理运行，制冷机组工作，制冷循环 D2 电磁阀打开；

（4）设备内部设定温度控制，达到温度时工作会自动停止；

（5）可打开 PLC 净化功能的排除空气流程操作，提纯功能完成，如图 2-13 所示。

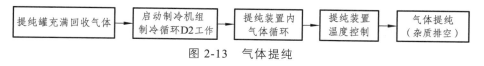

图 2-13　气体提纯

注意：

（1）提纯操作后，空气组分不超标时不需要进行排空处理。

（2）尾气的排空应符合国家或当地政府的环保要求。

5. 气体回充模块

1）提纯罐内气体直充钢瓶

说明：

（1）图 2-14 所示为本装置中提纯罐气体对外直充钢瓶输出的工作原理图；

（2）首先将需要充气的钢瓶用专用软管与本装置的回充口连接并锁紧，并保证连接处的气密性；

（3）需要充气的钢瓶已抽过真空并且真空度合格；

（4）阀门 C3 为常开状态，打开阀门 V8 即可直充钢瓶；

（5）标准钢瓶充气压力一般为 2.5 MPa，钢瓶充满后，按停止按钮，V8 阀门关闭，直充钢瓶完成，如图 2-14 所示。

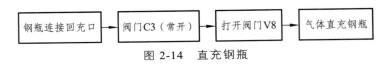

图 2-14　直充钢瓶

2）提纯罐内气体调压输出开关

说明：

（1）图 2-15 所示为本装置中提纯罐气体对外调压输出开关的工作原理图；

（2）首先将需要充气的开关用专用软管与本装置的调压口连接并锁紧，并保证连接处的气密性；

（3）需要充气的开关已抽过真空并且真空度合格；

（4）阀门 C3 为常开状态，打开阀门 V11，打开调压器并调整好调压器的压力，即可向开关充气；

（5）达到设定压力值，停止工作，提纯罐调压输出开关完成。

注意：

对电气开关直充时务必使用调压出口，并调整调压阀 C5 至合适压力，如图 2-15 所示。

图 2-15　直充开关

3）提纯罐内气体压充钢瓶

说明：

（1）图 2-16 为本装置中提纯罐对外压充钢瓶的工作原理图；

（2）将需要充气的钢瓶用专用软管与装置回充口连接并锁紧，并保证连接处的气密性；

（3）需要充气的钢瓶或储罐已抽过真空并且真空度合格；

（4）阀门 C3 为常开状态，启动增压机，打开阀门 V10 即可压充钢瓶；

（5）标准钢瓶充气压力一般为 2.5 MPa，钢瓶充满后，按停止按钮，压充钢瓶完成。

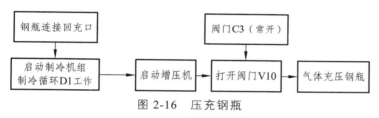

图 2-16　压充钢瓶

注意：

对电气开关压充时务必使用调压出口，并调整调压阀 C5 至合适压力，如图 2-16 所示。

（七）操作系统界面介绍

装置抽真空气密性合格，提纯罐称重校准合格，给工控机上电，进入操作界面，启动装置各单元查看运行是否正常，检查无误后即可启动功能模块完成相应的操作流程。

1. 开机界面

系统上电延时后，自动进入开机主界面，如图 2-17 所示。

图 2-17 所示为 RF-300 系统装置上电开机主界面示意图。图中显示各功能操作按键提示，显示屏为触摸按钮，点选按钮使之变为蓝色表示选中其功能，选中后再按"确定"按钮，即可进入设备相应功能模块操作。

说明：

系统操作按钮选取变蓝为选中，如选取后有二级菜单，应再次选取方可执行相应功能；选取后如有"确定"按钮，应再次选取"确定"按钮。

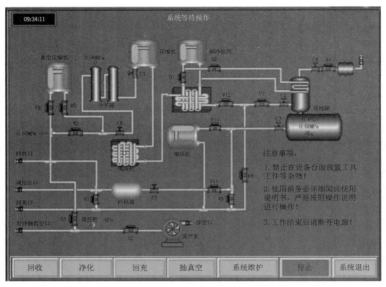

图 2-17　开机界面

2. 停　止

功能执行完毕，点取"停止"按钮使之变蓝，工控机出现画面如图 2-18 所示。

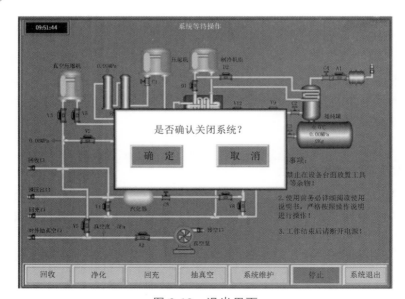

图 2-18　退出界面

出现如图 2-18 所示画面，可确认退出系统或取消退出系统。如选取确定关闭系统，可执行下步操作提示，方可退出系统，予以关机断电。

3. 系统维护

点击"系统维护"功能按钮，功能键变蓝，出现系统维护二级子菜单，同时出现输入密码提示，输入正确密码后系统即登录维护操作主界面，如图 2-19 所示。

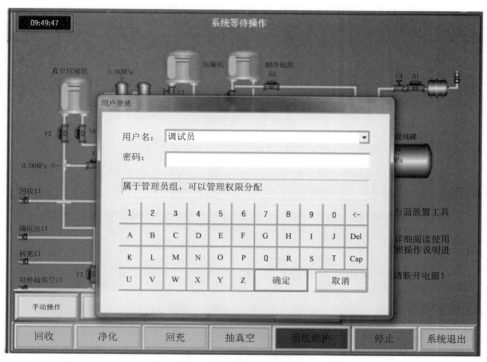

图 2-19　维护进入界面

进入如图 2-20 所示的维护主界面，选取相应二级功能菜单，即可执行设备相应的维护功能操作。

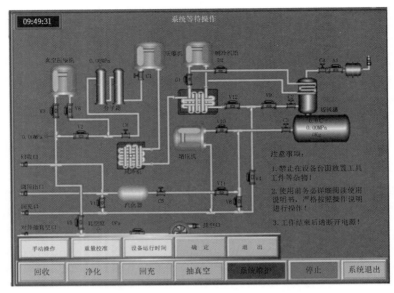

图 2-20　维护界面

点击"手动操作"按钮使之变蓝，再按"确定"按钮，进入如图 2-21 所示操作界面，可以对系统各部件进行手动操作维护，查看其运行及信号传输是否正常，电动阀、电磁阀的打开及关闭是否灵活。

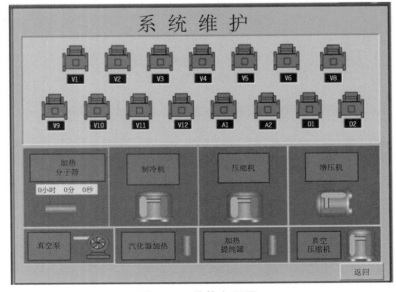

图 2-21　维护主界面 1

该系统维护为设备出厂及检修调试用，设备正常运行不需要进行该项维护操作。操作完毕按"返回"按钮即可返回到上一级菜单。

点击"重量校准"按钮使之变蓝并予以确定，进入如图 2-22 所示的操作界面，可以对提纯罐称重仪的参数进行设定与标定。

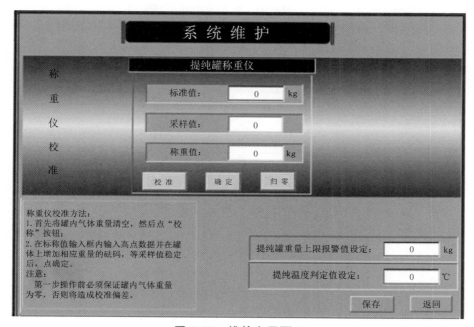

图 2-22　维护主界面 2

（1）首先将提纯罐内气体清空，抽真空合格后，保证储气罐体为其空重，然后按系统维护中称重仪的"校准"按钮，确认系统零点。

（2）在标称值中输入高点数据，并在罐体上加放等值重量的砝码，等采样值稳定后点取"确定"按钮，则传感器校准完成。

（3）设备因运输、搬运可能对传感器的零点造成影响，所以，首次使用时应对其进行校准。

（4）只有称重传感器准确后，回收处理工作流程中 PLC 显示屏中显示的气体重量及变化情况才具有参考意义。

点击"设备运行时间"按钮并予以确定，进入如图 2-23 所示的操作界面。通过此界面用户可以查看系统累计运行状态，为设备维护提供指导。

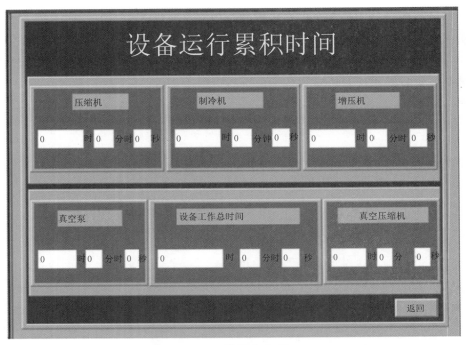

图 2-23　维护主界面 3

（1）真空泵首次累计运行 500 h 后应进行换油。以后每隔 500~2 000 h 或半年后更换真空泵油和过滤器。

（2）其他运行部件的维护时间参见维护与保养部分。

（3）系统累计运行 1 000 h 后应对分子筛进行再生或更换处理。

（4）系统累计运行 1 000 h 应进行整体维护及保养。

4. 抽真空

选取"抽真空"功能键，功能键变蓝，即可进入抽真空模块功能操作，如图 2-24 所示。

抽真空操作要求：

（1）抽真空操作时查看真空计的变化情况，要求各连接处气密性良好。

（2）抽真空时废气排出应采取符合国家环保要求的方式予以处理。

（3）执行功能操作时，除流程内阀门开启外，其余关闭。

（4）当真空度达到 133 Pa 时，再继续抽 30 min，然后点击操作按钮中的"停止"。如果真空表 30 min 数据回升小于 266 Pa，表明抽真空合格。然后点击操作按钮中的"停止"，则进气口抽真空过程结束。

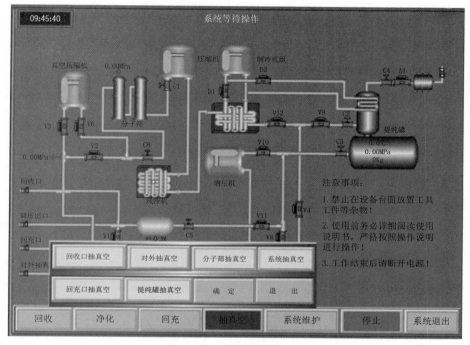

图 2-24 抽真空主界面

注意：

（1）选取二级菜单功能键后应按"确定"按钮，如若点错按钮，按"退出"即可。

（2）抽真空合格后需保压检测其真空度时，关机前务必要先关闭 C6 阀门。

点击二级菜单中的"回收口抽真空"，当其背景变蓝，表明被选中，再按"确定"按钮则出现如图 2-25 所示的界面，即执行功能操作。抽真空合格后，即可按"停止"按钮结束操作。

点击二级菜单中的"回充口抽真空"，当其背景变蓝，表明被选中，再按"确定"则出现如图 2-26 所示的界面，即执行功能操作。抽真空合格后，即可按"停止"按钮结束操作。

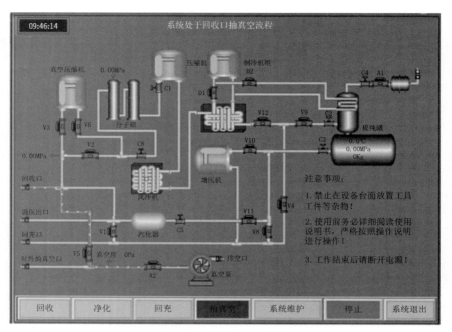

图 2-25　回收口抽真空

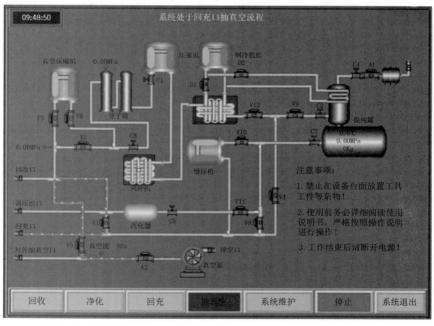

图 2-26　回充口抽真空

外部设备连接好对外抽真空接口并锁紧，点击二级菜单中的"对外抽真空"，当其背景变蓝，表明被选中，再按"确定"按钮，则出现如图 2-27 所示的界面，即执行功能操作。

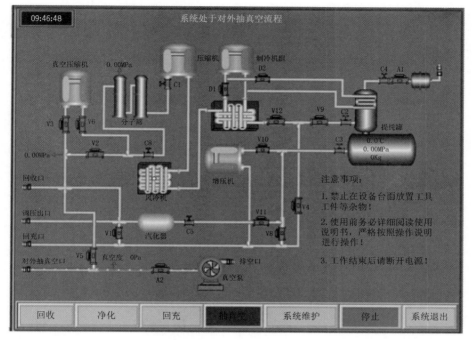

图 2-27　对外抽真空

注意：

（1）如对钢瓶抽真空，钢瓶需要安装气瓶加热装置，温度控制在 ≤60 ℃。

（2）抽真空合格后，按下"停止"按钮，操作完成。

点击二级菜单中的"分子筛抽真空"按钮，当其背景变蓝，表明被选中，再按"确定"则出现如图 2-28 所示画面，即执行功能操作。抽真空合格后，即可按"停止"按钮结束操作。

点击二级菜单中的"提纯罐抽真空"按钮，当其背景变蓝，表明被选中，再按"确定"则出现如图 2-29 所示画面，即执行功能操作。抽真空合格后，即可按"停止"按钮结束操作。

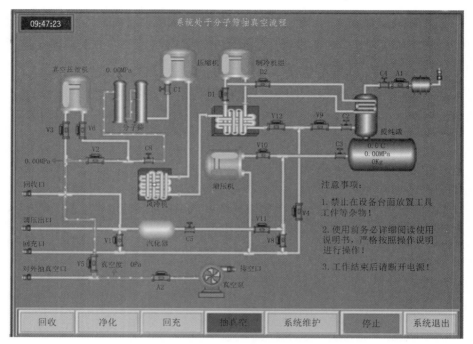

图 2-28 分子筛抽真空

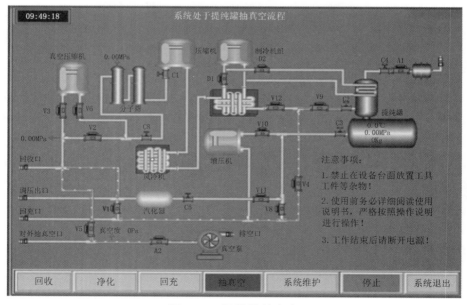

图 2-29 提纯罐抽真空

点击二级菜单中的"系统抽真空"按钮，当其背景变蓝，表明被选中，再按"确定"则出现如图 2-30 所示画面，即执行功能操作。抽真空合格后，即可按"停止"按钮结束操作。

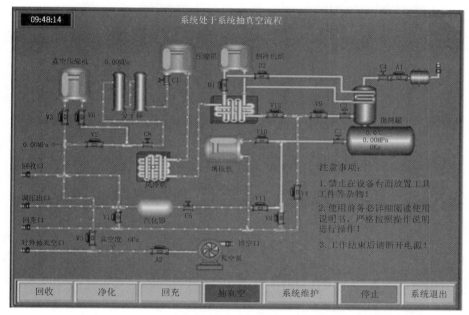

图 2-30　系统抽真空

对系统抽真空可以在系统维护主界面 1 中设置手动启用分子筛、提纯罐加热功能，以加快抽速，提高系统的真空度。

5. 回　收

图 2-31 所示为系统回收主界面。选取回收、净化或回充功能键，背景变蓝，即可进入其二级子菜单。

进入如图 2-31 所示的二级子菜单后，即可执行相应的回收功能操作。

注意：

进行气体回收处理操作时，设备模拟屏上压力表会指示进、出气口的压力状态及变化情况。

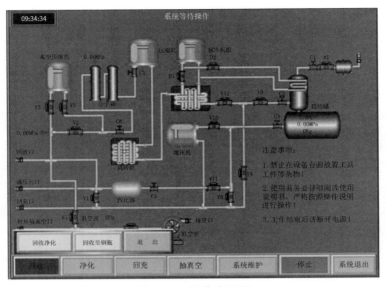

图 2-31　回收主界面

选取提纯罐回收功能按钮，提示出现界面如图 2-32 所示。

出现如图 2-32 所示界面即可设定回收系统停止进气压力值，一般设定为 0.01~0.6 MPa，以对回收状态进气口压力予以判断，对回收压缩机进气端口给予保护，又使气体回收完全。

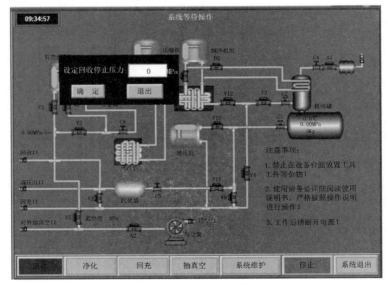

图 2-32　回收压力设定

设定好回收停止压力值后，按下"确定"按钮即可执行回收工作。

提纯罐回收流程如图 2-33 所示。

图 2-33 表示正在执行提纯罐回收净化功能。回收时称重仪显示回收重量，当提纯罐回收至 200 kg 左右时，停止回收操作。

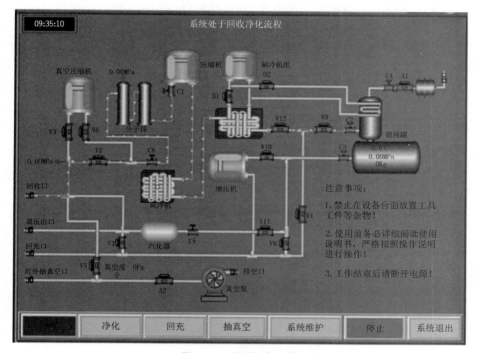

图 2-33 提纯罐回收

执行回收功能操作时，制冷机组启动，制冷循环 D1、D2 工作。当回收压力降到 0.08 MPa 时，系统自动切换到负压回收模式，执行负压回收，如图 2-34 所示。

图 2-34 表示正在执行提纯罐负压回收净化功能。提纯罐负压回收净化时，系统自动启动真空压缩机，打开 V1 阀门，关闭 V2 阀门，当进气口压力降到 10 kPa 时，回收自动停止。

执行负压回收操作时，制冷机组启动，制冷循环 D1、D2 工作。

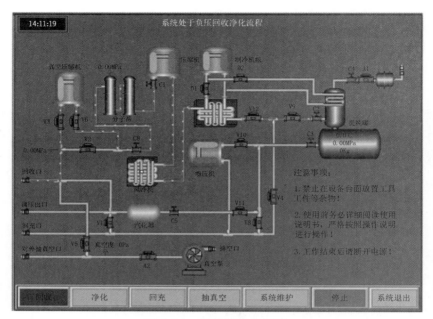

图 2-34　提纯罐负压回收

选取"回收至钢瓶",出现提示界面如图 2-35 所示。

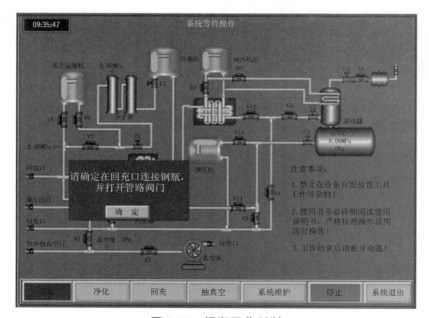

图 2-35　钢瓶回收判断

图 2-35 所示为钢瓶连接提示界面，回收至钢瓶时提示外接钢瓶与本装置的回充口是否连接好，连接无误后方可按"确认"键，执行下步操作。

外接设备正常回收流程界面如图 2-36 所示。

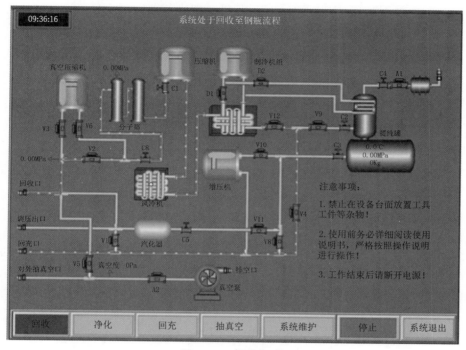

图 2-36　钢瓶回收

图 2-36 表示正在执行外接钢瓶回收功能。回收时应注意外接设备配称重仪显示，当回收重量表示外接设备或钢瓶回收已满时，停止回收操作。

执行回收功能操作时，制冷机组启动，制冷循环 D1 工作。当回收压力降到 0.08 MPa 时，系统自动切换到负压回收模式，执行负压回收，如图 2-37 所示。

图 2-37 表示正在执行外接设备负压回收功能。外接设备负压回收时，系统自动启动真空压缩机，打开 V1 阀门，关闭 V2 阀门。当进气口压力降到 10 kPa 时，回收自动停止。

执行负压回收操作时，制冷机组启动，制冷循环 D1 工作。

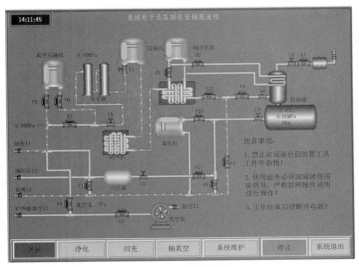

图 2-37　钢瓶负压回收

6. 净　化

在主菜单选取"净化"功能按钮，按钮变蓝，出现界面如图 2-38 所示。

图 2-38 所示为净化提纯功能操作主界面，根据回收气体情况，选取二级功能菜单中的"提纯罐循环净化""提纯罐提纯""提纯罐排空"功能按钮，即可进行相应功能操作。

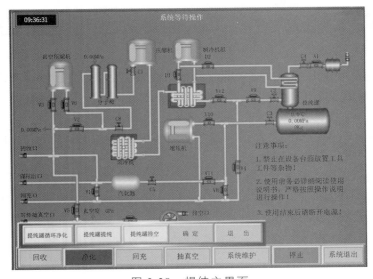

图 2-38　提纯主界面

选取"提纯罐循环净化"按钮，出现界面如图 2-39 所示。

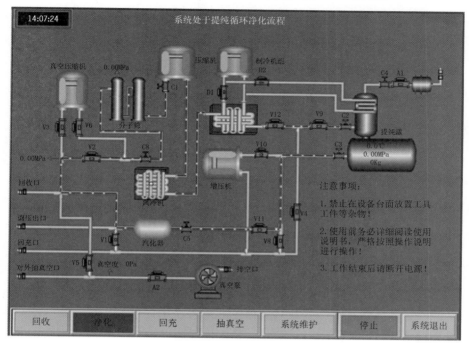

图 2-39　循环净化

图 2-39 所示为提纯罐循环净化功能操作流程示意图，在执行提纯罐循环净化功能时，启动制冷机组，制冷循环 D1、D2 工作，压缩机工作，气体由提纯罐流出，经过分子筛吸附及过滤器的循环净化处理，循环去除气体中的水分、有害分解物、气体杂质等，气体再由压缩机压缩输送回提纯罐内，循环净化时间与频次应视六氟化硫气体情况而定。

选取"提纯罐提纯"按钮，按钮变蓝后，按下"确定"按钮，出现界面如图 2-40 所示。

图 2-40 所示为提纯罐提纯功能操作流程示意图，在执行提纯罐提纯时，提纯罐内已回收充满了六氟化硫气体，提纯装置在制冷循环 D2 作用下，其内部气体进行再生循环净化处理，制冷循环 D2 继续工作，直至提纯装置温度控制为 −5 ℃ 以下时，将非凝性空气杂质与六氟化硫分离，则提纯罐提纯功能结束。

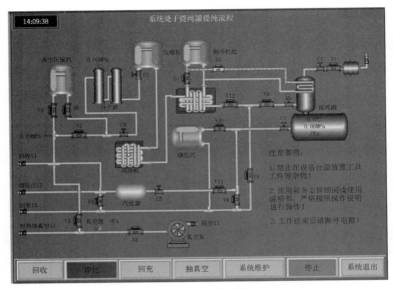

图 2-40 提纯净化

分离出的空气组分经由常开阀门 C4 和电磁阀 A1 予以排出。

选取"提纯罐排空"按钮，按钮变蓝后，按下"确定"按钮，出现界面如图 2-41 所示。

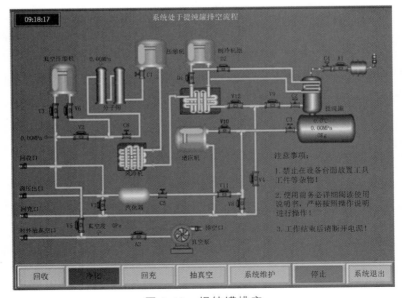

图 2-41 提纯罐排空

图 2-41 为提纯罐排除空气杂质功能操作流程示意图，在执行提纯罐排空时，系统自动点动启闭电磁阀 A1，对提纯罐中分离出的非六氟化硫组分予以排除，经净化器处理后，应将尾气排到室外。

注意：

只有完成气体提纯功能操作后，色谱检测空气组分超标，方可执行提纯罐排空功能，对非六氟化硫组分予以排放处理。

7. 回　充

选取主菜单"回充"功能操作按钮，按钮变蓝，系统回充菜单提示主界面如图 2-42 所示。

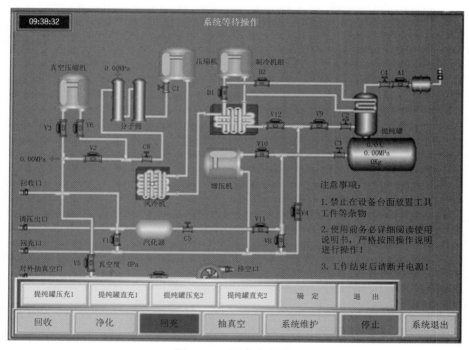

图 2-42　回充主界面

出现如图 2-42 所示的回充二级菜单，即可进行气体回充模式选择与操作，即提纯罐压充、提纯罐直充功能操作。

注意：

回充操作前先将钢瓶或电气设备与回充口用专用软管连接并锁紧，保证其气密性，并对出气接口管路、充气钢瓶及设备抽真空且真空度合格。

说明：

回充操作时，选择完回充设备（钢瓶或高压开关）后，操作流程和界面与之前操作类似。

选提纯罐回充操作按钮，按钮变蓝后按"确定"键，出现界面如图2-43所示。

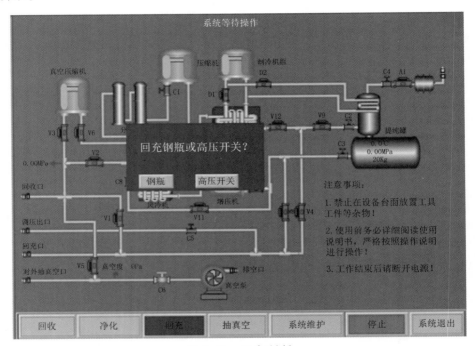

图 2-43　回充判断

图2-43所示为回充设备选择界面，即选择回充钢瓶或高压开关。回充前应连接好相应的回充设备，保证气密性。

选择回充设备后即进入下一操作界面。

注意：

选择高压开关时，流程会出现手动打开C5阀门的界面提示。

提纯罐压充1流程界面如图2-44所示。

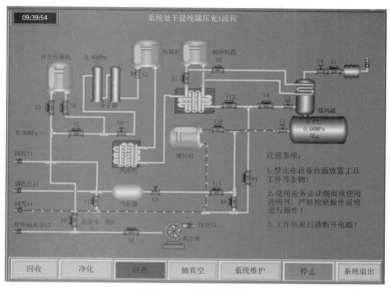

图 2-44　直充开关

图 2-44 所示为提纯罐压充 1 主界面，执行直充操作时 PCL 打开相关电磁阀、增压机等设备。

选取提纯罐压充操作按钮，出现菜单如图 2-45 所示。

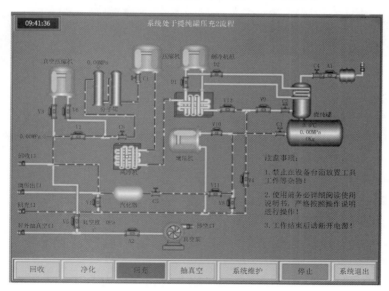

图 2-45　压充开关

图 2-45 为提纯罐压充 2 主界面，执行直充操作时 PCL 打开相关电磁阀、压缩机等设备。

提纯罐直充 1 流程界面如图 2-46 所示。

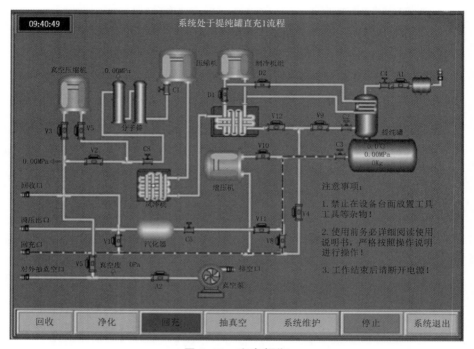

图 2-46　直充钢瓶

图 2-46 所示为提纯罐直充 1 主界面，执行直充操作时 PCL 打开相关电磁阀，直充钢瓶不需要手动操作。

直充钢瓶时，注意查看钢瓶称重显示器重量显示，若钢瓶已充满，应停止操作。

提纯罐直充 2 主界面如图 2-47 所示。

图 2-47 所示为提纯罐气体直充 2 操作流程。进行直充 2 操作时，首先连接钢瓶于回充接口并锁紧，经抽真空合格后方可执行。

执行直充 2 操作时自动打开相应的电磁阀，打开 C5，调节充气压力。

说明：

本设备回收处理与回充管路采用各自独立模式，避免交叉污染。

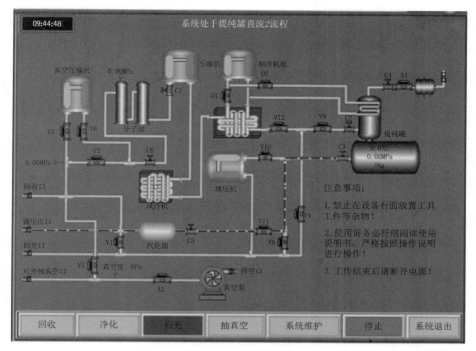

图 2-47　压充钢瓶

四、六氟化硫气体处理辅助装置简介

六氟化硫气体通常以 50 kg 为单位储存在自重为 50 kg 的钢气瓶内，总质量约 100 kg。500 kV 电压等级及以上变电站、换流站、开关站等六氟化硫气体绝缘设备众多，气体气瓶数量也较多。

检修时，为了给拆装检修设备留出充足时间，都是先用六氟化硫气体处理装置回收气体，再逐一压进每只钢气瓶内；全部气体回收完，再用六氟化硫气体处理装置对回收的气体进行提纯净化后，充注已经抽真空的各只空气瓶。充气时，在高精密压力表比对监测下，各只钢气瓶内合格的六氟化硫气体通过减压阀充注气室内；换瓶时，连接管道前稍微打开阀门，在微正压下完成管道连接，然后，再开启阀门充气，如此循环。充气时，六氟化硫由液态转换成气态，状态转化的吸热过程将会结冰凝露，由于水蒸气分子比六氟化硫分子小，很容易侵入其中，尤其是微正压连接气管时，合格气体暴露在空气中，存在以下隐患：

（1）可能使合格气体质量指标下降；

（2）气体处理时间较长；

（3）增加了更换气瓶连接高压管道操作频次；

（4）带着正压拧紧高压管道接头容易使丝扣受损；

（5）增加了温室气体排放；

（6）降低了气体处理质量，尤其降低了气室负压（高真空）阶段充气质量管控水平等。

为了消除隐患、规避风险、处理问题、提高效率等，在检修现场常用六氟化硫气体处理辅助装置配合六氟化硫气体处理装置开展气体处理工作，如图 2-48 所示。

图 2-48　六氟化硫气体处理辅助装置工作场景

（一）配件及连接

六氟化硫气体处理辅助装置连接示意如图 2-49 所示，装置包括气腔 4、与气腔 4 连接的 10 只六氟化硫气瓶 15 等。六氟化硫气瓶 15 对称分布在气腔 4 两侧且六氟化硫气瓶 15 本体阀门 2 通过 DN10 高压阀门 1 与气腔 4 连通，气腔 4 一端一侧通过第一个 DN20 高压阀门 8 与六氟化硫气体处理装置 9 连接，六氟化硫气体处理装置 9 通过第二个 DN20 高压阀门 8 与四通阀 14 一端连接，四通阀 14 另一端通过第三个 DN20 高压阀门 8 与气腔 4 一端另一侧连通；四通阀 14 剩余两端的其中一端与六氟化硫电气设备气室 10 的控制系统连接，另一端通过 DN10 高压阀门 1 与三通阀 7 一端连接，三通阀 7 第二端与减压阀 5 连接，减压阀 5 通过 DN10 高压阀门 1 与气腔 4 连接。

三通阀 7 第三端与高精密压力表 6 连接。气腔 4 一端还设有备用阀门 3，备用阀门 3 通过不锈钢高压钢管 11 与气阀 4 连接。备用阀门 3 采用 DN10 高压阀门，始终处于关闭状态。

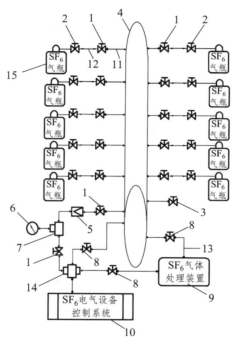

1—高压阀门；2—六氟化硫气瓶本体阀门；3—备用阀门；4—气腔；5—减压阀；
6—高精密压力表；7—三通阀；8—高压阀门；9—六氟化硫气体处理装置；
10—六氟化硫电气设备气室；11—不锈钢高压钢管；12—聚四氟乙烯透明
彩色高压管；13—钢护笼管；14—四通阀；15—六氟化硫气瓶。

图 2-49　六氟化硫气体处理辅助装置连接示意图

DN10 高压阀门 1 与气腔 4 之间通过不锈钢高压钢管 11 连接，六氟化硫气瓶本体阀门 2 与 DN10 高压阀门 1 之间通过聚四氟乙烯透明彩色高压管 12 连接。

气腔的一侧旁路中，DN10 高压阀门 1、减压阀 5、三通阀 7 和四通阀 14 之间均通过不锈钢高压管 11 连接，四通阀 14 与六氟化硫电气设备气室 10 的控制系统之间通过钢护笼管 13 连接。

第一个 DN20 高压阀门 8 与六氟化硫气体处理装置 9 通过钢护笼管 13 连接，六氟化硫气体处理装置 9 与第二个 DN20 高压阀门 8 通过钢护笼管 13 连接，第二个 DN20 高压阀门 8 通过不锈钢高压管 13 与四通阀 14 连接，四通阀 14 另一端与第三个 DN20 高压阀门 8 通过不锈钢高压管 11 连接。

装置不锈钢材质的气腔上焊接有 14 根连接高压阀门的不锈钢管道。高压阀门连接在不锈钢管道接口上。

装置布局分上、中、下三台：上台为气腔、高压管道接口、高压阀门、监测单元等；中台为盘管固定架、专用扳手插孔、磅秤等；下台为移动轮子；外设框架、吊环、防尘防雨防护等。

装置的气腔是中空的密闭洁净腔体，与外部连接的不锈钢管件全部为焊接。装置上 10 个 DN10 的不锈钢高压阀门分别通过 10 根聚四氟乙烯高压透明管与 10 个六氟化硫气瓶和装置的气腔连接，通过 10 个 DN10 的不锈钢高压阀门和 10 个气瓶自身携带的高压阀门进行状态调节控制。

气腔上还分别设有 3 个 DN20 的不锈钢高压阀门，一个是四通与六氟化硫气体处理辅助装置气腔之间连接，一个是四通与六氟化硫气体处理装置之间连接，另一个是六氟化硫气体处理辅助装置气腔与六氟化硫气体处理装置之间连接。

在减压阀和 T 接引出连接高精密压力表三通两端分别设有一个 DN10 的不锈钢高压阀门进行连接，连接高精密压力表的三通经过 DN10 不锈钢高压阀门再与变径四通连接，变径四通其他三侧分别通过连接到六氟化硫电气设备气室、六氟化硫气体处理装置及六氟化硫气体处理辅助装置气腔。为了便于功能实现，在连接到六氟化硫气体处理装置及六氟化硫气体处理辅助装置气腔的支管上分别加装了一个 DN20 不锈钢高压阀门。通过改变监测单元支管路两侧阀门状态，实现投切监测单元。用高精密压力表比对监测气室内的准确压力。

（二）六氟化硫气体处理辅助装置功能简介

1. 抽真空

通过六氟化硫气体处理装置经过辅助装置对气瓶和高压管路抽真空时，操作如下：将 10 根高压气管分别连接到 10 个钢气瓶接口上。把高压气管分别连接到六氟化硫设备（气室）和六氟化硫气体处理装置接口上。开启连接到气腔上的所有高压阀门和 10 个空气瓶上的高压阀门。关闭六氟化硫设备（气室）阀门，启动六氟化硫气体处理装置真空泵进行抽真空，到 5 Pa 再持续抽真空 10 min，然后关闭全部阀门，停机。如此循环。

2. 回收六氟化硫气体

通过六氟化硫气体处理分组装置从 GIL 管道母线气室向气瓶内回收气体时，操作如下：将 10 根高压气管分别连接到 10 个钢气瓶接口上，关闭监测单元两侧高压阀门。把高压气管分别连接到六氟化硫设备气室和六氟化硫气体处理装置接口上。将第一只空气瓶置于地磅秤上，打开连接第一只空气瓶的两侧高压阀门，关闭其他 9 只空气瓶两侧高压阀门。打开六氟化硫设备（气室）阀门，启动六氟化硫气体处理装置，缓慢开启六氟化硫气体处理装置高压阀门。通过地磅秤实时监测瓶内气体质量到 50 kg 就关闭第一只钢气瓶两侧高压阀门，同时，打开第二只钢气瓶高压管道两侧高压阀门，再将地磅秤置于第二只钢气瓶之下进行气体重量监测，如此循环。

3. 充注六氟化硫气体

从气瓶内向六氟化硫设备（气室）充注合格气体时，负压（高真空）阶段操作如下：将 10 根高压气管分别连接到 10 个钢气瓶接口上。把气腔上的高压气管分别连接到六氟化硫气体处理装置和六氟化硫设备（气室）接口上。关闭其他 9 只空气瓶两侧高压阀门，打开连接第一只空气瓶的两侧高压阀门。打开监测单元两侧高压阀门，启动六氟化硫气体处理装置，打开六氟化硫设备（气室）阀门，缓慢开启减压阀阀门，如此循环，直至气室内压力达到微正压。气室微正压（零压以上）至额定压力期间操作如下：关闭监测单元两侧高压阀门，开启多瓶钢气瓶两侧高压阀门，用气室本体密度继电器进行压力监测，略低于气室额定压力时，再开启监测单元单瓶逐瓶向气室内充气，直至额定气压关闭阀门，如此循环。

第三章 GIL 管道母线检修实用技术

GIL 管道母线是 GIS 与高压出线套管之间连接的重要设备，广泛运用于 500 kV 及以上电压等级的变电站、换流站和水电站等场所。本章以中国南方电网公司在运的"两渡工程"（糯扎渡和溪洛渡水电站）配套工程——±800 kV 普洱换流站和 ±500 kV 牛寨换流站的 500 kV GIL 管道母线三支柱绝缘子更换工程及多个应急抢险实践案例为基础，围绕 GIL 管道母线拆除和复装过程，详细介绍了吊装工器具及拆除和复装工序流程、安全质量控制措施等，尤其着重介绍了上层 500 kV GIL 管道母线带电工况下检修下层 GIL 管道母线的施工方法，最后，详细讲解了 GIL 管道母线检修（修复）核心关键技术。

第一节 检修前准备

一、概　　述

±800 kV 普洱换流站和 ±500 kV 牛寨换流站的 500 kV GIL 管道母线，均采用 A、B、C 三相上下层水平平行垂直重叠布置形式。±800 kV 普洱换流站的 500 kV GIL 管道母线长约 3 300 m，±500 kV 牛寨换流站的 500 kV GIL 管道母线长约 2000 m，气室额定气压为 0.45 MPa，六氟化硫气体的质量约为 8~9 kg/m。为了规避地下带电运行电缆沟道、安全通道及换流变检修通道（厂房）等配套设施，也为了满足电气安全距离等，布置在公分石场地上的 GIL 管道母线高低错落、纵横交错、峰回路转，GIL 管道母线安装、检修和应急抢险都较为困难。

500 kV GIL 管道母线检修涉及变电检修、电气试验、金属化学、热工仪表、焊接、起重搬运等多个专业。检修前期准备工作繁杂琐碎，必须认真详细编制作业方案, 尤其上层 GIL 管道母线带电工况下拆装下层 GIL 管道母线施工方法更要慎之又慎, 同时, 要加强对隐蔽工程的全过程旁站监督。

二、作业前准备

作业前准备包括现场勘察、检修施工方案编制（人员、机具、材料等生产要素的组织, 施工方法的确定, 安全技术措施、环境保护措施、风险辨识与预防控制措施等）, 还包括方案报批手续办理等。

（一）现场勘察

现场勘察应查看 GIL 管道母线检修（施工）作业需要停电的范围、保留的带电部位、装设接地线的位置、邻近线路、交叉跨越、多电源、自备电源、地下管线设施和作业现场的条件、环境及其他影响作业的危险点等, 见表 3-1。构思 GIL 管道母线检修（修复）场所, 工器具、材料、备品备件摆放位置及设备周转堆放场地布置等。

表 3-1　现场勘查表

记录人		勘察日期	
勘察单位			
勘察负责人及人员			
工作任务			
重点安全注意事项			

（二）检修方案编制

1. 人员组织

人员组织主要包括项目负责人、工作负责人、安全负责人、技术质量负责人、材料员、施工人员、试验人员、厂家、特种作业人员等, 分工明确、职责清晰, 见表 3-2。

组织相关人员按规程、产品工艺指导文件、设计图纸及施工方案等要求, 进行安全技术交底培训, 安规考试合格方可上岗。

表 3-2　人员及职责分工

人员组织	职责划分
项目 负责人	1. 负责施工方案及安全技术措施的审查。 2. 对工作进行总体监督，工作前核实工作内容、总体控制安全、质量进度等。 3. 工作开始前应核实停电计划，落实停电申请的审批情况。 4. 做好全面协调工作。 5. 作为施工方的代表，接受并贯彻执行项目法人、建设单位有关工程质量、安全及施工进度方面的指令，做好统筹协调工作
工作 负责人	1. 对工作进行现场监督，工作前核实工作内容，做好关键过程控制措施，作业严格按照相关作业指导书进行。 2. 工作前应核实停电计划，落实停电申请的审批情况，工作票是否按照规定时间提交运行部门审查。工作中的安全措施是否满足施工、预试定检的要求，严格执行"两票三制"的有关规定，工作前对每项工作内容进行"三交"。 3. 每日工作前进行工作分工，确定各分项工作负责人，将责任落实到人，按工作进度计划的要求合理安排人员并对各分项工作负责人之间的工作关系进行协调，做好现场工作总体统筹。 4. 督促检查现场作业人员遵守安全规定，督促检查工作班成员按工艺要求完成各项工作，同时加强与甲方、运行单位和监理之间的沟通协调。 5. 每日工作完毕后，应组织工作人员对现场清扫、整理和检查，加强作业全过程的环境保护监督管理。 6. 施工过程有涉及用水与用电，与变电站运行人员进行沟通协商，加强对水电资源的利用和管理，同时加强对施工过程中所产生的固体废弃物的管理。 7. 开工前应组织各分项工作负责人，认真检查各自工作所需工机具、仪器、材料，做好工器具材料领用台账。 8. 多个工作面同时开展时，应由多名工作负责人分别承担工作任务
安全 负责人	1. 负责不定期对现场检查，监督各工作班成员在工作中执行"两票三制"的情况，明确工作地点、工作内容，认真核查现场安全措施。 2. 施工过程中若是分区域、分阶段停电，周围间隔存在带电运行的情况，现场安全监督检查人必须认真做好安全监护工作，注意保持与带电设备之间的安全距离，涉及高处作业须检查安全带、防静电服等安全工器具是否正确穿戴。 3. 对各项安全工器具进行现场管理，做好管理台账，检查安全工器具的完好性，明确使用要求。 4. 负责安全监护及监督检查工作，处理检修过程中的安全保护和事故防范等问题。监督现场作业人员严格按照国家安全生产的各项规章制度、操作规程进行施工，检查并督促作业现场安全措施的实施，负责对危险点作业人员的监护，组织班组的安全学习和文明施工

人员组织	职责划分
技术质量负责人	1. 严格执行国家、行业、企业有关法律法规、标准和规程规范以及管理制度。 2. 按照国家的相关法律法规和上级单位、部门的要求，合理组织好本队职工和合同制工人，具体组织本施工队承担施工任务的施工工作，把施工任务进行分解和划分，合理安排落实到人，确保施工人员有效完成工作任务，对施工范围的安全、质量、进度负直接管理责任。 3. 负责工程中施工技术指导工作。执行国家有关技术规程规范，组织本施工队的技术交底，主持处理工程中出现的技术问题从技术上指导和保证安全工作。 4. 负责及时填写技术质量记录，保证记录真实有效，具有可追溯性
材料及运输负责人	负责所需材料的采购、发货、运输，确保质量
工作班成员（包括厂家、吊车司机等）	1. 服从现场工作负责人指挥、监督，认真做好本岗位的安全工作，严格按照国家安全生产的各项规章制度、操作规程进行施工，坚持"四不伤害"原则，不断提高自我保护能力，有权制止他人违章作业，有权拒绝执行违章指挥。 2. 起重机司机应服从指挥人员的指挥。应熟悉变电站带电场所中吊装程序
氩弧焊工	1. 持证上岗。 2. 认真执行已批准的焊接工艺守则。 3. 焊机需要移动时，要切断电源，严禁带电移动电焊机。 4. 焊接作业远离易燃易爆物品。焊接作业周围要配备足够合格的灭火器材

2. 生产要素准备

材料包括装置性、消耗性材料及备品备件；机具包括常用工具、机具、机械及专用工具，常用仪器仪表中不包括耐压试验设备，见表 3-3～表 3-6。

表 3-3　材　料

序号	名　称	型号规格	数量
1	VP980 导电膏		
2	擦拭纸		
3	百洁布		
4	气体防水胶		

序号	名　称	型号规格	数　量
5	道康宁		
6	气体密封胶		
7	酒精（分析纯）		
8	丙酮（分析纯）		
9	塑料布		
10	胶带		
11	吸附剂		

表 3-4　备品备件

序号	名　称	型号、规格、参数	数　量
1	固定三支柱绝缘子		
2	滑动三支柱绝缘子		
3	触头装配		
4	盖板装配（无充气孔）		
5	盖板装配（帽形）		
6	密封圈 520 mm×10 mm		
7	螺栓		
8	螺母		
9	垫片		
10	六氟化硫气体		
11	六氟化硫空瓶		

表 3-5　工器具及机具

序号	名　　称	规格/编号	数　量
1	六氟化硫气体处理装置		
2	高空作业车		
3	吸尘器		
4	力矩扳手		
5	试验线		
6	注胶机		
7	接地线		
8	全方位安全带		
9	安全帽		
10	六氟化硫新气		
11	常规工具		
12	脚手架		
13	防毒面具		
14	安全标示牌		
15	尼龙吊带		
16	吊环		
17	吊车		
18	强光电筒		
19	干燥空气发生器		
20	真空平台（泵）		
21	手动叉车		
22	工具 U 形环		
23	六氟化硫气体处理辅助装置		
24	专用工具		
25	V 形运输车		
26	液压支撑转运车		
27	防滑吊具		
28	金属波纹管拆装借位吊具		
29	氩弧焊机		

表 3-6　仪器仪表

序号	名　　称	数量	用　　途
1	回路电阻测试仪	1	主回路电阻测量（量程≥3 000 μΩ）
2	六氟化硫气体检漏仪	1	六氟化硫气体密封性试验
3	水分仪	1	六氟化硫气体水分测量
4	纯度测量仪	1	六氟化硫气体纯度测试
5	六氟化硫气体组分测试仪	1	六氟化硫气体组分测试
6	万用表	1	试验、测量用
7	500 V 兆欧表	1	绝缘电阻（二次）
8	2 500 V 兆欧表	1	主回路绝缘电阻测量（一次）
9	温湿度计	1	温湿度测试
10	环境粉尘检测仪	1	环境粉尘检测
11	超声波测厚组成设备	1	筒壁厚度检测
12	X 射线检验组成设备	1	焊缝检测
13	渗透检验设备	1	焊缝检测

3. 安全控制措施

1）安全执行标准

认真贯彻"安全第一、预防为主、综合治理"的方针，执行国家有关安全生产的方针、政策、法律法规，认真贯彻执行《电力建设安全工作规程（变电所部分）》（DL 5009.3—2019）等规定。

2）安全注意事项

（1）所有施工人员应经相关安全知识培训，考试通过持证上岗；所有施工人员必须经过安全技术交底，已办理工作票。

（2）制定高空坠落、高空落物、触电、中毒等应急预案，并根据应急预案的要求，做好相应的安全技术交底和物资准备。

（3）进入施工现场前正确佩戴安全帽及工作牌。

（4）施工现场禁止吸烟。

（5）未经运行人员同意，不得进入其他带电设备运行区域。

（6）工作中应加强安全监护；如有疑问，应及时与运行人员取得联系。

（7）登高作业需专人监护，使用梯子时需专人扶持，使用高空作业车要统一指挥、操作。

（8）设备检修维护过程中，应充分地辨识风险，制定满足现场工作条件的防感应电应对措施。

（9）在工程实施的任何阶段，绝不允许未投运设备（回路）和运行设备间有任何影响运行设备正常运行的电气联接。

4. 质量控制措施

1）质量执行标准

《电气装置安装工程 起重机电气装置施工及验收规范》（GB 50256—2014）；

《电气装置安装工程质量检验及评定规程》（DL/T 5161.1～5161.17—2018）；

《电气装置安装工程高压电器施工及验收规范》（GB 50147—2010）；

《电气装置安装工程电气设备交接试验标准》（GB 50150—2016）；等等。

2）安装质量控制

（1）严格执行设计图纸、规程规范、制造厂要求。

（2）提前编制施工方案，按规定流程报监理审批。开工前进行技术交底，未经技术交底不得进行施工，技术交底后办理交底记录。

（3）所有螺栓应用力矩扳手紧固，并做记号。

（4）做好详细安装过程质量记录，若出现问题，便于查找分析原因。

3）人员技能管理

（1）进行专项的装配工艺技术培训，采取认证上岗的方式，确保参加现场安装的所有作业人员完全掌握管道母线产品装配工艺技能。

（2）现场安装工作开始前，对安装施工单位的作业者进行装配工艺技术培训，将设备装配的工艺要点讲解清楚，使参加装配的安装施工单位作业人员熟悉设备的结构和装配技术要点。

（3）检测设备由专人负责。

5. 环境保护措施

1) 噪声防治

（1）在技术性能满足要求的前提下，应优先使用噪声较小的设备。

（2）因工作异常产生的噪声应立即停止使用，查明原因处理后方可投入使用。

2) 废弃物控制

（1）施工现场应遵循"随做随清，谁做谁清，工完料尽场地清"的原则。

（2）GIL 管道母线内擦拭物、废弃物应在施工区域外定点分类标识和存放。

（3）严禁焚烧塑料、橡胶、含油棉纱及擦拭物等固体废弃物，以免产生有毒气体，污染大气。

（4）六氟化硫气体的处理应该遵循相关规定，用专用的六氟化硫气体处理装置，将设备内的六氟化硫气体进行回收、净化、干燥处理，达到新气标准后重新使用。

6. 作业风险辨识及管控措施

作业风险辨识及管控措施见表 3-7。

表 3-7　作业风险辨识及管控措施

序号	风险名称	风险级别	风险来源	预防控制措施
1	人员坠落	高	作业人员在高空作业车上进行一次导线拆装、吊带卸装连接过程中	工作前检查人员精神状态是否满足高空作业条件，检查高空作业车工作平台是否牢固、是否穿防滑鞋、安全带是否合格、安全带佩戴是否正确
2	人员触电	高	1. 感应电较大时。2. 传递工器具误碰带电设备	工作位置加装保安接地线，必要时穿全套合格屏蔽服。注意安全距离，正确使用绝缘安全工器具
3	人员砸伤	中	在一次导线拆装、吊带卸装及设备吊装连接过程中	工作人员戴好安全防护用品，工作过程中互相提醒注意，吊车指挥与吊车司机间做好沟通
4	肌肉扭伤	高	在一次导线拆装中用力过度	不能超负荷搬动导线，保持动作姿势合理
5	工具损坏	低	1. 不正确使用工具。2. 工具不慎掉落	1. 严格执行工具操作规程。2. 工具传递时要绑牢

序号	风险名称	风险级别	风险来源	预防控制措施
6	设备损坏	低	1. 操作或指挥失误造成误碰撞。 2. 用吊带吊装时起吊点捆绑不牢固，设备脱落。 3. 工器具掉落打坏设备。 4. 高压试验中加到设备上电压过高损坏绝缘	1. 工作过程中互相提醒注意，吊车指挥与吊车司机间做好沟通。 2. 在工作中所用的工器具要绑牢。 3. 试验人员要精力集中，严格执行试验的相关标准
7	人员中毒	高	人员吸入过量有毒气体	1. 回收气体和充气时须戴上防毒面具，在上风口作业，并做好气室良好通风； 2. 氧气浓度监测合格（≥18%）后，方可进入气室内部，同时必须有专人监护
8	气体受潮	高	未按照相关规定进行操作	1. 使用气体处理装置回收气体，并使用合格的气瓶。 2. 吊装前应了解天气情况，保证在天气良好的情况下进行。 3. 遇到雨天应及时封闭气室做好设备防雨措施
9	气室污染	高	未按照相关规定进行操作	1. 拆卸的零部件要用塑料布封好并专管专用。 2. 作业区严禁有产生灰尘的作业存在。 3. 作业现场严禁吸烟
10	人员中暑	低	高温天气下作业	及时补充水分及休息
11	皮肤晒伤	低	在阳光猛烈下长时间工作	涂防晒油
12	垃圾污染	低	工作现场施工垃圾	做到"工完料净场地清"

第二节 关键点工序控制措施

GIL 管道母线没有明确的检修时间，正常运行时，一般随 GIS 设备检修时间或按制造厂规定及发生家族性缺陷等情况后，对主回路及相关配件进行大修。GIS 或 GIL 设备发生故障后，根据需要立即进行解体检修。

检修的主要内容：① 电气回路。② 监测（检测）系统；③ 气体处理；④ 绝缘件检查；⑤ 支撑系统；⑥ 相关试验等。

运行中发现异常或缺陷应进行有关的电气性能、六氟化硫气体湿度、气体密封性能、六氟化硫气体组分、分解产物等试验，根据相应的试验结果，进行必要的解体检修。GIS 处于全部或部分停电状态下，拆解其与 GIL 管道母线连接导体，对 GIL 管道母线进行解体检修，其内容与范围应根据运行中所发生的问题而制定的检修方案进行，这类解体检修一般应由制造厂负责或在制造厂指导下，组织具有相应资质的施工单位协同开展。

GIL 管道母线现场解体检修关键点工序控制措施主要包括帐篷设置、GIL 管道母线防护措施、异物产生预防管理、气室水分管理、焊接工艺管理及六氟化硫气体管理等。

一、帐篷设置

GIL 管道母线现场检修环境主要根据作业差异设置不同的功能帐篷来实现。

（1）拆解打磨帐篷：将导体、三支柱绝缘子组件等从 GIL 管道母线内切割、拆除。

（2）返修焊接防尘帐篷：更换螺栓固定板，将导体三支柱绝缘子组件焊在母线内筒壁上。

二、检修作业通则

（1）GIL 管道母线检修厂房内应满足百万级洁净装配环境标准：直径 $0.5\mu m$ 以下颗粒物的悬浮量 $\leqslant 35\,000$ 个/L，环境温度 $20 \pm 8\,°C$，相对湿度 $\leqslant 70\%$，作业环境照度 $\geqslant 300\,lx$。

（2）GIL 管道母线安装现场封闭管理，采取三级防尘措施：架设高度为3.5 m 的围栏；围栏四周设置防尘网（一级降尘）；围栏内铺设防尘地板革。设专人负责清理。

（3）实时监测天气变化，从温度、风力、降水多方面了解气象资料，为检修提供外部环境准备资料，提前准备应对天气突变的物品，如防雨罩、塑料布、粘胶带、干燥空气等。

（4）现场开盖、解体及检修（修复）完毕后，立即用塑料布或运输盖板做好防尘防潮保护，如图 3-1 所示。

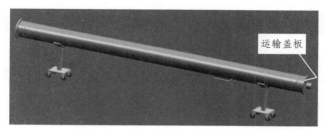

图 3-1　解体后用塑料布或运输盖板封闭防尘

（5）焊点切割、焊接等扬尘产烟作业应在拆解打磨帐篷或焊接防尘帐篷内进行，如图 3-2 所示。

图 3-2　在帐篷内进行扬尘产烟作业

（6）筒壁、焊缝打磨等扬灰扬尘作业前，应在 GIL 管道母线壳体内固定好保护工装，防止粉尘飞溅，如图 3-3 所示。

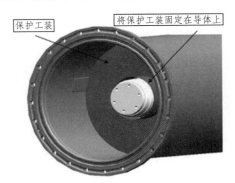

保护工装　　将保护工装固定在导体上

图 3-3　作业前在壳体内固定好保护工装

（7）拆解打磨完成的壳体及导体三支柱绝缘子组件在检修厂房中用酒精、无毛纸等认真彻底清理。

（8）修复采用氩弧焊焊接，在返修焊接防尘帐篷内进行，并使用专用的焊接防护工装，防止焊渣飞溅。

（9）修复后的 GIL 管道母线做好防尘防潮包扎后，再从返修焊接防尘帐篷转入检修厂房。

（10）在检修厂房中对母线单元进行清理和预装配，完成后再用双层塑料布包封防尘防潮，转入对接装配工位。

（11）现场装配开盖对接作业应在晴朗无风（风速≤5 m/s）的环境中进行，遇到阴雨、大风天气要停止开盖作业。

三、异物产生预防管理

（1）进入预装配检修厂房要更换工作鞋或戴鞋套。进入 GIL 管道母线气室内必须更换干净的无纽扣连体工作服。

（2）修复焊接防尘帐篷内地面，每日工作前和工作后使用吸尘器、拖把清扫地面，工作中严格控制相对湿度、环境温度、灰尘及环境卫生等。

（3）上下班归整并清点工具，进行登记签字。

（4）GIL 管道母线吊装进入安装区域和拆解后的 GIL 管道母线进入打磨防尘帐篷内之前，都必须先将设备外表面彻底清理干净。

（5）为防止杂物进入本体内部，清理后的导体、壳体等应立即将外露部分用双层塑料布包覆；对于暂时不安装的壳体、管路等，切勿取下运输盖板。

（6）GIL 管道母线多单元法兰盘现场对接前，应在相应法兰盘对接处清晰标示、检查确认及拍照后方可封闭对接，如图 3-4 所示。

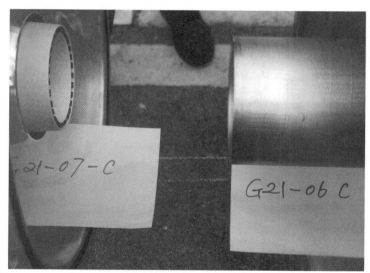

图 3-4　GIL 管道母线法兰盘对接前检查确认后照片

（7）GIL 管道母线水平法兰盘对接时，定位销最高位置不超过法兰盘水平中心线，应先穿入法兰盘下半部分螺栓，法兰盘严密后方可穿入法兰盘上半部分螺栓，防止杂物掉入其中，如图 3-5 所示。

图 3-5　GIL 管道母线水平法兰盘对接定位销位置不超过法兰盘水平中心线

四、气室水分管理

控制 GIL 管道母线现场安装的水分含量，要根据现场环境条件，做好 6 个环节的控制——装配环境湿度、抽真空作业、充注六氟化硫气体、三支柱绝缘子安装前保存、GIL 管道母线修复后安装前密封贮存、吸附剂更换等。

1. 控制装配环境湿度

（1）根据天气预报，检查提前准备应对天气突变的物品等情况。

（2）现场装配对接作业时，检测工作环境湿度不大于 70% 方可打开气室盖板进行装配对接作业，否则应立即采取除湿措施（使用热风机、除湿机、充注干燥空气等）。

（3）装配完毕的气室，要及时做好防尘、防潮保护，尽可能早地进行抽真空、充气作业。

（4）装配完毕的法兰面，若无法及时注入密封脂，采用塑料布对法兰面进行包扎，防止水分侵入。

（5）应在晴好天气下，环境湿度小于 70% 时更换各气室的吸附剂，在吸附剂装入产品前必须检查原真空包装未破坏，吸附剂未受潮。

（6）应确保从打开真空包装的吸附剂到装入 GIL 管道母线气室并开始抽真空时，吸附剂暴露在空气中的时间不超过 40 min。

2. 抽真空作业

（1）在对 GIL 管道母线各气室抽真空作业之前，应先对真空管道及真空设备抽真空进行检查，确认是否漏气，若漏气则应检修合格或更换真空设备后方可进行抽真空作业。

（2）对 GIL 管道母线各气室抽真空作业时，必须严格执行真空度不大于 67 Pa 的要求，达到 67 Pa 以下后，继续抽真空 1 h 以上，然后进行时间不少于 5 h 的真空保持。

（3）对 GIL 管道母线各气室进行真空保持，且泄漏率合格后，再对各气室续抽真空 1 h 以上方可充注六氟化硫气体。

（4）为保证 GIL 管道母线检修进度，必须保证 2 台以上大功率真空平台（泵），并提前确定真空平台（泵）工作状态是否良好。

3. 充注六氟化硫气体

（1）对管道母线设备的各气室进行充气前，对发至现场的六氟化硫气体进行水分含量的检测，必须确认气瓶中的六氟化硫水分含量合格后方可充注到设备中。

（2）充气作业必须选择晴好天气进行，充气前对充气管路六氟化硫气体吹拂干燥。

（3）对管道母线设备的各气室进行抽真空、充气作业中，按照工艺规范进行操作，为了避免盆式绝缘子受力产生质量缺陷的风险，充气作业严格按照相邻气室压差不大于 0.3 MPa 的规范要求执行，切实将管控措施应用到过程实施中。

（4）在管道母线设备的气室中充注六氟化硫气体至 0.2 MPa 后，立即进行气室水分含量的检测，合格后再继续补充至额定压力。

（5）在装配六氟化硫配管时，应首先使用洁净合格的六氟化硫吹配管 1 min，确保六氟化硫配管内残留杂质排出。

（6）充气前对六氟化硫密度继电器进行校核，确保表计工作正常。

4. 三支柱绝缘子安装前保存

（1）安装前应置于干燥的室内。

（2）安装前再撕开包装塑料袋。

（3）包装塑料袋内吸湿剂应完好。

5. GIL 管道母线修复后安装前密封贮存

（1）GIL 管道母线修复后，配置适量吸湿剂，再安装运输封板。

（2）在 GIL 管道母线内充注 0.02 MPa 左右的高纯氮气。

（3）尽量缩短安装时间。

6. 吸附剂更换

（1）晴好天气开展。

（2）吸附剂干燥或吸附剂真空包装完好。

（3）真空平台（泵）系统完好。

（4）同一个气室全部吸附剂位置同步开展更换作业。

（5）在规定时间内复装好吸附剂封板后，立刻抽真空。

五、焊接工艺管理

（1）焊工必须持证上岗，且有丰富的实践经验。

（2）试件必须合格。

（3）编制《焊接工艺守则》，焊接过程严格执行该守则。

六、六氟化硫气体管理

（1）六氟化硫气体回收进空瓶或气罐前，应对空瓶或气罐抽真空，避免影响六氟化硫纯度。

（2）充气前按现行国标要求对六氟化硫气体开展纯度、四氟化碳、空气质量分数、湿度、分解产物抽检测试，测试合格后方可充气。气体测试不合格可用回收净化装置开展净化、提纯处理，若处理后仍不满足要求则采购新六氟化硫气体充装。

第三节　现场检修作业实施流程

根据现场 GIL 管道母线布置特点，为了避免误差叠加和保证检修质量，应尽可能缩短各 GIL 管道母线从拆解到复装之间的时间，为此，GIL 管道母线检修实施过程，应按照批准的施工工艺流程进行，下面以 ±800 kV 普洱换流站 500 kV GIL 三支柱绝缘子更换工程为例进行阐述。现场检修作业实施流程如图 3-6 所示。

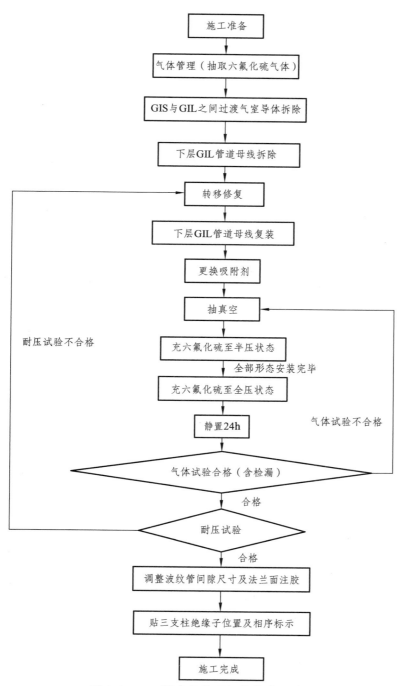

图 3-6　GIL 管道母线现场检修作业实施流程

一、施工准备

（1）检修方案向监理单位报审并通过。

（2）组织学习检修方案，并进行安全技术交底。

（3）熟悉设备及安装使用说明书。

（4）熟悉检修更换施工工艺流程和要求。

（5）安装资料及历年检修资料齐全。

（6）人员、机具、材料等检修生产要素齐全到位、完备完好。

二、停电后恢复补偿单元和金属波纹管

（一）设备停电

确认需现场修理的 GIL 管道母线及与其相连的 GIS 间隔已停电，明确带电部位及危险区域，工作区域警戒标示完善、清晰。

（二）固定补偿单元和金属波纹管

为了避开配套设施设备，超长的 GIL 管道母线高低错落、峰回路转，所以，GIL 管道母线在适当位置必须设置一定数量的补偿单元和金属波纹管。

1. 作　用

GIL 管道母线补偿单元和金属波纹管的具体作用是：

（1）吸收因地震或地质不稳定造成的不均匀沉降带来的误差；

（2）吸收因温度或负荷引起热胀冷缩带来的变化；

（3）吸收施工和设备制造误差叠加带来的变化；

（4）发生故障后，利于拆装；

（5）便于安装检修；

（6）利用扩建。

2. 基本原理

GIL 管道母线由多种不同材质的元器件组合而成，如果全部元器件之间都是硬性连接，元器件将受到破坏。应力大时，会导致 GIL 管道母线导体顶死、支点变形位移等。因此，GIL 管道母线连接时要用一部分软连接件，以补偿各种误差导致的变化。它随温度的变化而伸长或缩短，使管道母线不因温度的变化而受损。

3. 结　构

GIL 管道母线补偿单元和金属波纹管都是由不同直径的波纹管组成，波纹管由多层不锈钢片压叠焊接而成。中间波纹管两侧法兰盘分别通过两圈拉杆螺栓与两端波纹管的法兰盘固定连接。由于两个法兰盘之间都是用橡胶密封圈密封，接地回路被切断，故在两个法兰之间用 Ω 形接地铜排进行连接，保证能自由调整，如图 3-7 所示。

图 3-7　补偿单元和金属波纹管结构

4. 使　用

1）运输时

运输时，补偿单元和金属波纹管两端的盖板需配件齐全，螺栓紧固，包装牢固，补偿单元和金属波纹管连接拉杆螺栓应全部紧固。

2）安装时

安装前，应检查补偿单元和金属波纹管外观完好，无撞击痕迹。螺栓等配件齐全，拉杆螺栓应全部紧固不变形。安装时，波纹管百褶缝内应先用吸尘器吸出缝中的粉尘颗粒，再用百洁布蘸无水酒精清洗百褶缝和法兰盘密封面及密封槽，最后再按照产品技术要求进行安装。

3）停电拆解前

停电后，在回收六氟化硫气体及抽真空前，须将运行状态的补偿单元和金属波纹管恢复到运输状态。

补偿单元在运行状态时拉杆被拆掉或拉杆上螺母距法兰盘有一定间隙，

防松背帽紧固。运输状态时拉杆上的所有螺母应紧贴法兰盘，并拧紧防松背帽，起到刚性支撑作用，如图 3-8 所示。

 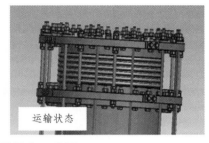

图 3-8　补偿单元状态示意图

金属波纹管在运行状态时法兰盘拉杆上的螺母距法兰盘有一定间隙，防松背帽应拧紧。运输状态时拉杆上的所有螺母均紧贴法兰盘，拧紧防松背帽起到刚性支撑作用，如图 3-9 所示。

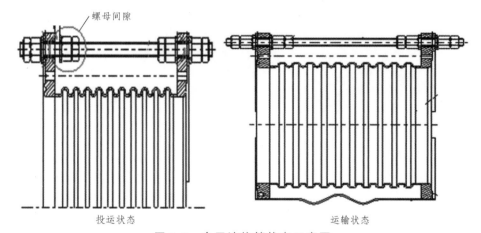

图 3-9　金属波纹管状态示意图

4）安装检修后

安装检修后，应将中间金属波纹管与两端金属波纹管连接的拉杆螺栓按照产品技术要求，逐一将伸缩间隙调整好，并把背帽拧紧，防止松动。

三、检修前气室管理和气体回收

为保证检修进度，使用六氟化硫气体处理辅助装置配合六氟化硫气体处理装置，对气瓶、气室抽真空，回收气室气体到半压；然后，拆除 GIL

与 GIS 之间的导体连接过渡气室连管，回收气室剩余气体，开盖回收残余气体；再进行气体净化提纯，对气瓶抽真空，把提纯后的气体压进容器。净化提纯处理后的气体湿度及气体成分试验，应满足相关试验标准并出具检测报告。

（一）待检修气室标识管理

GIL 上下层管道母线六氟化硫密度继电器等在线监测设施设备，均通过高压管道、线缆等，把阀门、接口等元器件安装在地面上便于目视巡查的同一位置。检修时，如果标识模糊不清，在回收六氟化硫气体时，误将带电运行气室的六氟化硫回收，将带来重大设备安全事故，所以，在检修前，现场勘查和方案编制阶段就要辨识出该安全风险，在安全措施实施阶段要在相邻气室的六氟化硫密度继电器接头防尘盖上用红色胶带缠绕警示，如图 3-10 所示。

图 3-10　在相邻运行气室阀门接口上用红色胶带缠绕警示

（二）GIL 管道母线故障后六氟化硫气体处理

GIL 管道母线检修前必须将气室内的气体悉数回收到其他容器内贮存。

安装、检修或运行过程中，故障后都面临着必须将气室内被高电压放电击穿后的气体回收处理，开盖后作业人员就面临与有毒有害物质直接接触，这些都将对职业卫生健康、设备及环境等带来重大安全风险。

1. 六氟化硫绝缘气体在电弧作用下的分解

六氟化硫电气设备内部绝缘材料有六氟化硫绝缘气体和固体绝缘材料两类。六氟化硫绝缘气体是所有设备共有的，而固体绝缘材料因不同设备和厂家而有所区别。GIL 管道母线内的盆式绝缘子和三支柱绝缘子多是环氧树脂浇制而成的固体支撑绝缘材料。

GIL 管道母线在解体时应切实认真履行有关规定，具体如下：

（1）解体前，取气样进行成分分析，以确定其有害成分含量，有针对性地制定防护措施。应由有资质的专门机构进行气体回收后再处理。

（2）工作人员在处理使用过的六氟化硫气体时，应配备安全防护用具（乳胶手套、风镜、防护服和专用防毒面具等）。

（3）从事处理使用过的六氟化硫气体的工作人员应熟悉六氟化硫气体分解产物的性质，了解其对健康的危害性并进行有针对性的安全知识培训（包括急救指导）。

（4）处理六氟化硫绝缘气体时，应当明示工作场所注意事项，说明禁火、禁烟、禁止开展高于 200 ℃ 的加热和无专项预防措施的焊接等高温作业。

（5）GIL 管道母线内的气体不得直接向大气排放。GIL 管道母线解体大修前的气体检验，必要时可由上一级气体监督机构复核检测并与基层单位共同商定检测的特殊项目及要求。

（6）运行中设备发生严重泄漏或设备爆炸而导致六氟化硫绝缘气体大量外溢时，现场工作人员必须按六氟化硫电气设备制造、运行及试验检修人员安全防护的有关规定佩戴个体防护用品。

（7）在检修厂房内检修完 GIL 管道母线后，应按照现场需求有序运出，尽量缩短 GIL 管道母线在户外现场的摆放时间。在潮湿环境或冬雨季检修完成出厂试验后，还应向 GIL 管道母线内充注微正压的合格高纯氮气。

（8）补气时，如遇不同产地、不同生产厂家的六氟化硫绝缘气体需混用时，应参照 DL/T 596《电力设备预防性试验规程》中有关混合气体的规定执行。

2. 六氟化硫高压电器使用中的人身安全防护

六氟化硫气体在 600 ℃ 以上会发生分解，产生的低氟化合物（固态、气态两种）具有强烈腐蚀性和毒性，因此，在 GIL 管道母线故障抢修前应对员工认真交底，切实履行安全防护措施。

（1）室内六氟化硫气体绝缘设备间与主控室之间的气密性隔离设施完好。

（2）六氟化硫气体绝缘设备间必须装设通风设备，开关置于室外，进入室内前应先通风。

（3）六氟化硫气体绝缘设备间内气体泄漏、氧气含量等监测设施完备完好。

（4）对 GIL 管道母线进行气体采样操作及处理一般渗漏时，要在通风条件下戴防毒面具进行；采样时，应防止六氟化硫绝缘气体压力突然下降造成的闪络，当发生大量六氟化硫逸出时，立即撤离现场，并启动室内通风设备达 4h 以上，抢修人员必须穿防护服，戴乳胶手套、护目镜和佩戴防毒面具，完成工作后，必须先洗头手、臂、脸部、颈部、耳蜗内，洗澡后换穿另一套衣服。

（5）工作场所禁止抽烟、吃零食等。

（6）操作六氟化硫气体绝缘设备时，由于外壳在瞬间可有较高感应操作过电压，因此操作人员应戴绝缘手套、穿绝缘鞋，与设备外壳保持一定距离，防止身体触及设备。

（7）回收室内 GIL（GIS）管道母线内六氟化硫绝缘气体时，应开启通风设备，保证工作现场空气新鲜。对隔室内残留气体，用高纯氮气或干燥空气冲洗，使气态分解产物浓度达到相关管理规定要求；开启六氟化硫绝缘气体隔室封盖后，按照残余六氟化硫残余气体处理办法，充分回收 GIL 管道母线内残留的六氟化硫气体。

（8）清扫 GIL 管道母线内的固态分解物，要用滤除小至 $0.3\mu m$ 颗粒粉尘的专用真空吸尘器。若检修人员在室内检修故障后的 GIL 管道母线时，必须穿防护服，戴乳胶手套、护目镜和佩戴防毒面具，应保持通风。工作结束后，工作人员应彻底清洗。

（9）处理吸尘器过滤物、防毒面具中的吸附剂，以及活性氧铝、分子筛、小苏打等，要用强度较好的塑料袋装好，埋入较深地下；或用苏打粉与废物混合后，再注入水，放置 48h 后，才可当作垃圾处理。

（10）防护服、乳胶手套、护目镜和防毒面具等安全防护用品必须充足、完备完好，且在检验有效期内。

对 GIL 管道母线使用中可能出现的不安全问题应事前分析制定措施，事中严格落实认真履行，切实做好自身、设备安全防护，才能优质安全高效地完成检修任务。

（三）六氟化硫气体回收

1. 六氟化硫气体回收要求

（1）对充气设备各气室进行回收作业中，按照工艺规范进行操作，为了避免盆式绝缘子受力产生质量缺陷，回收作业严格按照相邻气室压差不大于0.2 MPa的规范要求执行，并切实将管控措施应用到整个过程。

（2）六氟化硫气体的回收应设专人负责。

（3）设备内的六氟化硫气体不应向大气排放，应用六氟化硫处理装置回收，经处理检测合格后方可再使用。

2. 气体回收作业流程

GIL管道母线气室六氟化硫气体回收作业步骤如下：

（1）六氟化硫气体回收进空瓶或气罐前，应对空瓶或气罐抽真空。

（2）检查核实待处理GIL管道母线气室的阀门处于关闭状态。

（3）打开待处理GIL管道母线气室的阀门防尘盖。

（4）高压软管接头一端连接到待处理GIL管道母线气室的阀门上，另一端连接到六氟化硫气体处理装置回收接口上。

（5）打开待处理GIL管道母线气室的阀门；然后，启动六氟化硫气体处理装置，通过气体处理装置将GIL管道母线气室内六氟化硫气体回收到气体处理装置储气罐或六氟化硫气体钢瓶内。

（6）将待处理GIL管道母线气室气压回收至"0"压以下。

（7）清除气室内的残余六氟化硫气体，参见下节。

（8）拆解GIL管道母线气室配管及密度继电器附件。

3. 残余气体回收

目前，GIL管道母线气室接口均布置在管道母线筒壁圆周中部，在六氟化硫气体回收过程中，虽在密度继电器显示为"0"压状态下，还在持续回收，但由于：

（1）六氟化硫气体密度比空气大，还是无法实现气体的全部回收。

（2）有限的检修时间和雨季等客观条件的限制，也不允许长时间在负压状态下回收，故造成部分残余气体带来损耗。

（3）残余气体不仅带来气体损耗，对环境也不友好。尤其故障后的残余气体对人身安全也留下极大的安全风险。

（4）在条件允许的情况下，可利用六氟化硫气体较重的特点，进行如图3-11所示的连接，开展残余气体再回收，具体操作如下：

① 打开待检修 GIL 管道母线气室盖板（固定吸附剂）；

② 用双层塑料布做成柔性塑料布管道，紧紧地扎在 GIL 管道母线气室端口和塑料大缸之间；

③ 将扎在 GIL 管道母线气室端口法兰顶部的柔性塑料布管道顶部扎上几个小孔；

④ 将六氟化硫处理装置高压气管伸到塑料大缸底部；

⑤ 从待回收残余气体的 GIL 管道母线另一头缓慢充注干燥空气；

⑥ 启动六氟化硫气体处理装置"回收"功能进行六氟化硫气体回收。

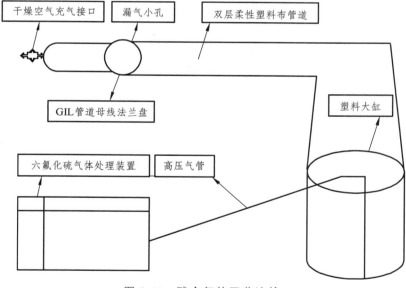

图 3-11　残余气体回收连接

四、GIS 与 GIL 之间过渡气室导体拆除

1. 开　盖

确认过渡气室内六氟化硫气体已回收完毕。拆下四通连接单元底部的检

修手孔盖板螺栓，打开四通连接单元底部的盖板，如图 3-12 所示。

图 3-12　GIS 与 GIL 管道母线过渡气室盖板拆除

2. 连接导体拆除

拆除屏蔽罩螺钉，移开屏蔽罩，露出内导连接螺栓，如图 3-13 所示。

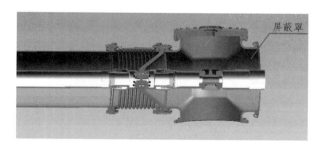

图 3-13　连接导体配件拆除

拆除连接导体两侧连接螺栓，卸下连接导体，如图 3-14 所示。

图 3-14　卸下连接导体

拔出两侧连接导体，并拆除触头，如图 3-15 所示。所有的零部件在拆除时应注意防护，零部件不能直接落地，壳体、导体等大件用 V 形运输车支撑，用塑料布包裹做好防尘；拆除和恢复过程中动作一定要缓慢，不能发生碰撞等。

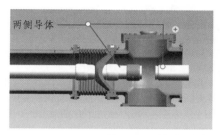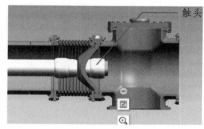

图 3-15　拔出过渡气室内的两侧连接导体

3．四通壳体拆解

（1）压缩金属波纹管（允许最大压缩变形量 20 mm）；
（2）拆除四通壳体两侧法兰盘连接螺栓；
（3）退出四通壳体，再将金属波纹管复位，螺母紧贴法兰盘并锁紧；
（4）用运输盖板封住壳体与 GIS 的法兰盘，如图 3-16 所示。

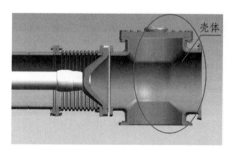

图 3-16　拆解过渡气室四通壳体

五、GIL 管道母线标准单元拆解

1．接地线及支架连接件拆除

拆除 GIL 管道母线三相短接铜排及母线接地铜辫子，并妥善保管，现场修理完成后恢复。拆除固定支架与筒体相连螺栓、滑动支架压块，如图 3-17 所示。

压块

铜排

固定螺栓

图 3-17　接地线及支架连接件拆除

2. GIL 管道母线拆解

拆除 GIL 管道母线法兰盘连接螺栓，分离法兰盘。应用尖扳手等工具导向缓慢分离管道母线连接法兰盘，利用木头支撑或绳索悬吊导体，防止导体突然下沉造成磕伤，如图 3-18 所示。

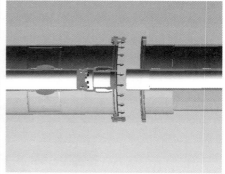

图 3-18　GIL 管道母线标准单元拆解

将拆解后的 GIL 管道母线标准单元吊到 V 形运输车上后拆掉触头，并用塑料布包裹防尘防潮，见图 3-19。

触头

图 3-19　GIL 管道母线标准单元触头拆解

第四节　主要吊装吊具介绍

由于 GIL 管道母线的型式及配电装置设计、场地布置等诸多因素，决定了 500 kV GIL 拆装检修较为困难，尤其是上层管道母线带电工况下拆装下层 500 kV GIL 管道母线难度更大、风险更高。为了保证安全，施工现场常采用：用于安装或拆除高压套管的 C 形喉箍交叉捆绑吊带、转动式液压支撑转运车、一种吊装 GIL 下层管道母线间距可调的防滑吊具、一种吊装 GIL 下层管道母线垂直伸缩节的借位吊具等成熟称手的吊具工具，并利用管道母线部分可拆除的钢支架构件，优质、安全、高效地完成了多项 GIL 管道母线检修及应急抢险任务。

这些吊具工具结构简单，操作便捷，安全可靠，可循环再利用。吊具工具的灵活运用，有效缩短了 GIL 管道母线吊装时间，提高了工作效率，使安全风险预控、可控、在控，能节省人财物的重复投入，保证了电网设备安全稳定运行。

为帮助读者更好地理解和运用吊具、工具于生产实践，本节将详细介绍吊具工具的结构和使用方法等。

一、用于安装或拆除垂直高压套管的 C 形喉箍交叉捆绑吊带

在安装或拆除 GIL 垂直高压出线套管时采用的组合捆绑带如图 3-20~图 3-24 所示，包括两根等长的主吊带 1、一根环形辅助吊带 2、一根可弯成半圆形的 C 形喉箍吊带 3，两根主吊带 1 的两端分别装有工具 U 形环 4 和吊环 5；C 形喉箍吊带 3 由一根环形吊带弯曲而成，C 形喉箍吊带略长于或等于高压套管顶部脖颈处外圆周长的一半；两根主吊带 1 交叉后穿过喉箍吊带 3 两端的套孔 3a 中，两根主吊带的一端通过工具 U 形环分别连接在高压套管 6 上对称设置的两个吊环 6d 上，另一端钩挂在吊车主钩上；环形辅助吊带 2 拴在高压套管尾端靠近连接法兰 6e 处，并钩挂在吊车小钩上。主吊带 1、环形辅助吊带 2、C 形喉箍吊带 3 均为尼龙吊带。

由于两根主吊带在高压套管一侧交叉后再分别穿过套在高压套管另一侧的 C 形喉箍吊带的两端套孔，将高压套管稳稳地固定在主吊带和 C 形喉箍吊带之间，确保了主吊带和 C 形喉箍吊带都能始终紧贴高压套管而不产生位移，

故高压套管始终呈垂直状态，不需在起吊过程中再进行调整，确保优质、安全、高效地安装或拆除高压套管。

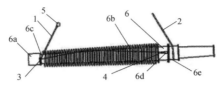

图 3-20　C 形喉箍交叉捆绑吊带组合

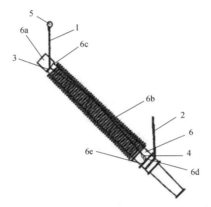

图 3-21　高压套管吊装状态调整示意图

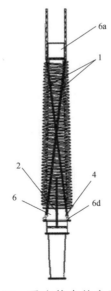

图 3-22　垂直状态的高压套管

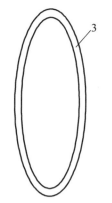

图 3-23　用作 C 形喉箍吊带的环形吊带

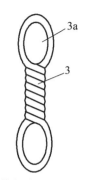

图 3-24　扭绞调整长度后的 C 形喉箍吊带

二、GIL 管道母线转动式液压支撑转运车

GIL 管道母线转动式液压支撑转运车，包括底板 10 和顶板 6，底板 10 和顶板 6 之间设有液压支撑系统，底板 10 一侧设有把手 11，顶板 6 上设有承重平台 5，承重平台 5 上设有旋转器 4，旋转器 4 带动设于其上的平板 3 转动，平板 3 上两端设有一对承重斜滚轮 1。旋转器可以是现有的带转轴的或带滚轮的结构，能够实现 360°转动即可。旋转过程中，可以是下层管道母线转动的力通过平板传递到旋转器，带动旋转器旋转。还可以是转运车转动的力通过承重平台传递到旋转器，旋转器带动管道母线旋转。

承重斜滚轮 1 通过三角承载座 2 设于平板 3 上，三角承载座斜面上设有滚轮座，滚轮通过转轴设于滚轮座上。三角承载座斜面与平板的夹角为 53°。承重斜滚轮之间的水平距离根据管道母线直径等参数决定为 585 mm 左右，三角承载座高度为 85 mm 左右，长度为 200 mm 左右，如图 3-25 所示。

液压支撑转运车承载着下层 GIL 管道母线，在三维空间正反方向上都能随意移动，故能实现 GIL 管道母线斜向穿越钢支架的狭窄矩形方孔。

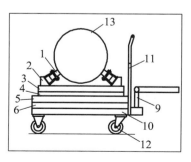

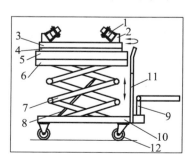

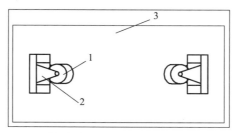

图 3-25 转动式液压支撑转运车结构示意图

三、间距可调的 GIL 下层管道母线防滑吊具

间距可调的 GIL 下层管道母线防滑吊具如图 3-26 ~ 图 3-28 所示，包括一对吊装单元，吊装单元包括上吊棒 4、下吊棒 6 以及布置于上吊棒 4 和下吊棒 6 之间两侧的连接吊带 5，上吊棒 4 上端设有吊钩吊带 1，下吊棒 6 下端设有防滑吊带 7；吊装单元对称布置于上层管道母线 10 下方的下层管道母线 9 两侧，吊装单元的吊钩吊带设于同一吊钩 8 上。

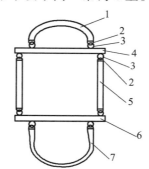

图 3-26 防滑吊具结构示意图

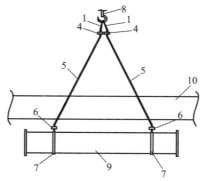

图 3-27 防滑吊具吊装下层 500 kV GIL 管道母线正视图

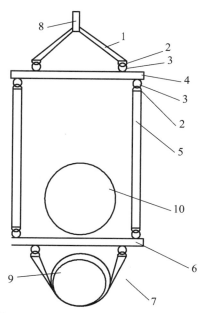

图 3-28　防滑吊具吊装下层 500 kV GIL 管道母线侧视图

上吊棒 4 和下吊棒 6 呈矩形，上吊棒 4 和下吊棒 6 的上侧和下侧均设有吊环 3，吊环 3 通过可转动的螺栓丝扣设于上吊棒 4 和下吊棒 6 上。上吊棒 4 上侧的吊环间距小于下侧的吊环间距，下吊棒 6 上侧的吊环间距大于下侧的吊环间距。各个吊带通过工具 U 形环设于吊环上。防滑吊带 7 环绕于管道母线 9 上，并固定于下吊棒 6 两端。环绕时，可以绕多圈，以提高防滑的效果。

间距可调的 GIL 下层管道母线防滑吊具的防滑吊带可以设于管道母线两侧任意位置，其间距可调，吊装时，形成稳定的三角结构。

吊装过公路高空布置的 B 相下层管道母线时，利用上下吊棒将连接吊带撑开形成矩形方框，使 B 相上层管道母线置于矩形方框中，整个过程保证上层 GIL 带电管道母线不会受到额外应力，使带电运行设备可靠运行，不会因受力而产生位移带来设备安全隐患等。故本吊具在上层 500 kV GIL 管道母线 10 带电运行，即不陪同停电工况下，安装固定在下层 500 kV GIL 管道母线上，能优质、安全、高效地吊装下层 500 kV GIL 管道母线。

四、吊装 GIL 下层管道母线垂直金属波纹管的借位吊具

吊装 GIL 下层管道母线垂直金属波纹管的借位吊具如图 3-29 所示，包括

待拆下层管道母线 8，借位吊具 1 包括热镀锌槽钢 5 和异形支撑钢板 6，待拆下层 GIL 管道母线 8 一侧自由端设置有三通管 9，三通管 9 的三个管口处均设置有法兰，异形支撑钢板 6 有两个且对称设置在所述三通管 9 顶部两端，两侧的异形支撑钢板 6 之间通过热镀锌槽钢 5 焊接成一个整体，形成门形框结构，热镀锌槽钢 5 两侧对称设有连接吊带 3，连接吊带 3 下方各悬挂一个手拉链条葫芦 2，手拉链条葫芦 2 的下端吊钩各悬挂吊钩吊带 4。

借位吊具上的异形支撑钢板 6 以下层 GIL 管道母线三通法兰盘上弦连续三个孔为参照，在圆弧底部设置三个连续的通孔，孔径与三通法兰盘的孔径一致。

运用时，只要将下层 GIL 管道母线三通两侧法兰盘上弦连续三个孔位上的 6 颗热镀锌螺栓拧下，再把借位吊具安装固定在三通上，然后，组装好吊具，最后，将吊钩吊带与垂直金属波纹管连接，即可进行吊装。

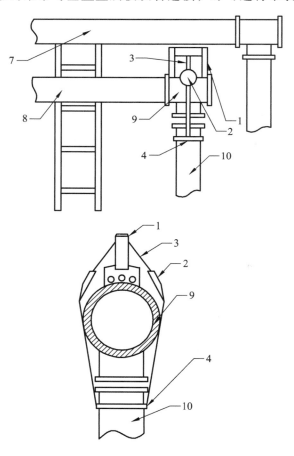

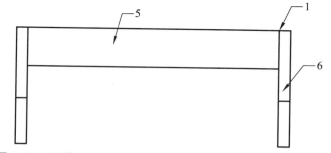

图 3-29　吊装 GIL 下层管道母线垂直金属波纹管的借位吊具

第五节　典型难点吊装方法

一、概　述

通常，500 kV 上下层垂直平行布置的下层 GIL 管道母线故障后，只能借输出负荷较小之机，采用上下层 GIL 管道母线同时停电同时检修（同停，下同）的方式开展作业。同停期间需先拆除上层 GIL 管道母线后再拆除下层，但恢复时又必须先恢复下层再复装上层管道母线，由于对健康的上层 GIL 管道母线不必要的拆装，不仅增加了工作量，甚至还给设备带来安全隐患，所以，同停方式不仅工作量巨大，点多、面广、战线长，而且，工作面狭窄等，随之带来系统安全风险较高，电能输送能力下降。复装或拆除时若吊装方法不当，不仅可能会对检修后的 GIL 管道母线造成损伤，还会给带电运行设备带来安全隐患，甚至会引发重大设备事故。所以，必须采用科学合理的方式逐段安全拆除和复装下层 GIL 管道母线。

目前，各厂家生产的 GIL 管道母线标准段长度不尽相同。西安西电公司生产标准段长度为 12 m，连接法兰外径为 625 mm，质量约 1t，上下层 GIL 管道母线外筒壁之间垂直间距约 500 mm，水平间距约 300 mm。为了节省投资等地面上都铺满 100 mm 厚的公分石；若干段上下层 GIL 管道母线通过钢支架支撑固定；钢支架根据位置、重量、高度等参数差异，有门型直立和四方铁塔两种支撑型式。为满足地震等要求，除下层 B 相 GIL 管道母线门型钢支架支撑横担与立柱采取螺栓连接外，其余四方钢支架等支撑件均为一次焊接成型的整体工件，下层 B 相管道母线置于 800×650 mm 的钢支架矩形方孔内。

±800 kV 普洱换流站 500 kV GIL 管道母线共有 8 回 GIL 出线间隔，共有 448 段（个）GIL 管段（形态），42 个气室，固定三支柱绝缘子 380 个，滑动三支柱绝缘子 231 个。具体见附录 A。

±800 kV 普洱换流站 500 kV GIL 管道母线出线基本信息见表 3-8。

表 3-8　500 kV GIL 管道母线出线基本信息

母线编号	ACF1（M1）	ACF2（M3）	ACF3（M6）	ACF4（M8）	P1G1（M7）	P1G2（M5）	P2G1（M2）	P2G2（M4）	合计
形态	72	81	87	75	44	32	35	22	448
气室	6	6	9	9	3	3	3	3	42
固定三支柱数量	60	69	82	72	35	23	26	13	380
滑动三支柱数量	36	45	54	39	25	13	10	9	231
长度/m	515	630	753	605	309	217	157	113	3 299
气体质量/kg	4 635	5 670	6 777	5 445	2 781	1 953	1 413	1 017	29 691
上下层重叠情况	ACF1／ACF2		ACF4／ACF3		P1G2／P1G1		单层	单层	75%

从表 3-8 中可以看出，8 回 GIL 管道母线出线中有 6 回上下层重叠，达 75%。

二、典型难点吊装方法

±800 kV 普洱换流站 500 kV GIL 管道母线重叠的 6 回出线典型难点众多，但类型相近，本书按同向的 ACF1（上层）、ACF2（下层）和 ACF4（上层）、ACF3（下层）出线进行区别，包括重叠类型一致的换流变出线也一并讲解，不再单独赘述。

（一）ACF1 和 ACF2 吊装难点位置分布

ACF1 和 ACF2 吊装难点位置分布示意如图 3-30 所示。

ACF1 和 ACF2 分别是 500 kV 交流滤波器第 1 和第 2 大组出线。图中既有为节省场地的上下层重叠，也有为保障安全通道而设计的高空跨越，还有为避让换流变压器检修通道和带电运行电缆沟道等设施而高低起伏，更有对相邻高压出线套管电气安全距离不足，导致吊车等机械无法使用的类型繁杂众多的典型难点。除特殊说明外，本书中的全部拆装过程均以吊装风险最高难度最大的下层 B 相 GIL 管道母线为例（下同）。

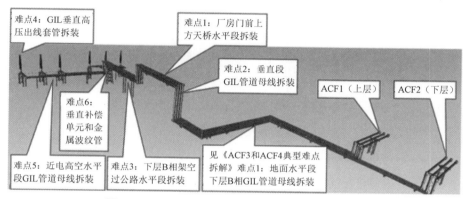

图 3-30　ACF1 和 ACF2 吊装难点位置示意图

各典型难点拆解：

（1）难点 1：换流变检修厂房门前上方天桥水平段 GIL 管道母线；难点 2：换流变检修厂房门前左右侧垂直段 GIL 管道母线，如图 3-31 所示。

图 3-31　换流变检修厂房门前上方天桥水平段和左右侧垂直段 GIL 管道母线

换流变压器检修厂房门前上方天桥下层的 500 kV GIL 水平段管道母线拆除前，需先拆除左右侧的垂直段管道母线后，才能拆解厂房门前上方水平段管道母线。具体流程如下：

① 先打开垂直段下部与水平段 GIL 管道母线连接的三通壳体端盖，如图 3-32 所示。

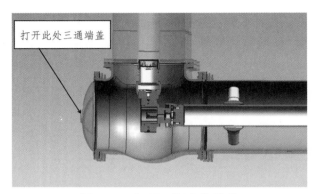

图 3-32　打开三通壳体端盖

② 拆解内部连接导体及触头，如图 3-33 所示。

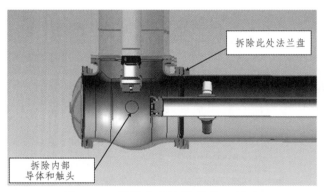

图 3-33　拆解内部连接导体及触头

③ 拆解三通与右侧水平段 GIL 管道母线的连接法兰盘，见图 3-33。

④ 拆解换流变压器检修厂房门前天桥下层的水平段 GIL 管道母线与垂直段连接的三通壳体端盖（同项①）。

⑤ 拆解内部连接导体及触头（同项②）。

垂直段 B 相 GIL 管道母线拆解吊装：

拆解垂直段 B 相管道母线之前，可先将 A、C 相垂直段管道母线拆解。

用两根吊绳分别从垂直段 B 相管道母线两侧相间缝隙中穿过，套在垂直段 B 相管道母线与上三通连接法兰脖颈处。

从垂直段 B 相管道母线两侧相间缝隙出来的吊绳绳头，跨过上层 B 相管道母线，分别钩挂上一副"可调节防滑吊具"（见下节）的两端；防滑吊具吊绳钩挂在吊车小钩上。

吊绳受力后，拆除上端三通法兰盘与天桥水平段 GIL 管道母线法兰盘之间的连接螺栓。

拆除下端三通法兰盘与地面水平段 GIL 管道母线法兰盘之间的连接螺栓。

指挥吊车缓慢向右顺时针旋转，人工辅助使上端三通法兰盘与天桥水平段 GIL 管道母线法兰盘分离。

将下端三通向左拉开，使下端三通法兰盘与地面水平段 GIL 管道母线法兰盘分离，如图 3-34 所示。

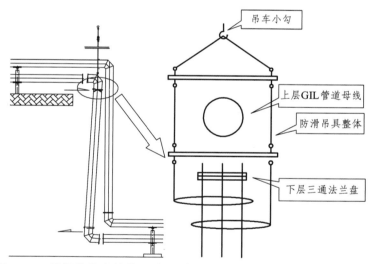

图 3-34　拆解换流变检修厂房门前右侧的垂直段 B 相 GIL 管道母线

用 1 根吊绳（第三根）环兜在垂直段 B 相 GIL 管道母线与上三通连接法兰脖颈处。绳头从 B、C 相（外侧）管道母线之间缝隙跨过上层 GIL 管道母线，钩挂在吊车大钩上，如图 3-35 所示。

① 指挥吊车大钩缓慢受力，小钩配合徐徐放下防滑吊具，逐渐将全部重量转移过渡到大钩上。

② 拆除小钩上的防滑吊具。

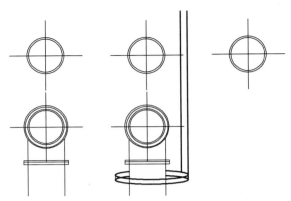

图 3-35　大小钩交替配合拆除下层垂直段 B 相 GIL 管道母线

③ 采用大钩和小钩交替受力配合，人工辅助旋转母线筒的方法最终将垂直段 B 相 GIL 管道母线拆除、吊出。

④ 用吊车大小钩配合将垂直段 B 相 GIL 管道母线由垂直状态调整成水平状态，如图 3-36 所示，置于两台 V 形母线运输车上，用塑料布包封后转运到检修厂房内。

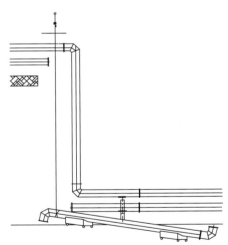

图 3-36　用吊车大小钩配合将管道母线由垂直调整成水平状态

换流变压器检修厂房门前天桥左侧垂直段 B 相 GIL 管道母线的拆解方法同右侧；剩余天桥平台上的两段水平管道母线，可先在天桥花格踏板上铺好高强度竹纤维板，再在其上面用 4 部液压转运车分别做好支撑；然后，拆除两段 GIL 管道母线法兰盘之间的连接螺栓；最后，参照 ACF3 地面水平段

GIL 管道母线的拆解方法解体完毕，即可用汽车吊将水平段 GIL 管道母线先后吊到 V 形运输车上。

（2）难点 3：下层架空过公路水平段 B 相 GIL 管道母线。

布置在 ACF1 和 ACF2 的上下层架空过公路水平段 GIL 管道母线右侧的两段管道母线支撑在两个门型钢支架上。下层架空过公路水平段 GIL 管道母线的门型钢支架 A、C 相横档与立柱焊接成一个整体，B 相横档和立柱之间的斜铁通过螺栓连接。ACF2 下层架空过公路水平段 GIL 管道母线与天桥左侧的垂直段 GIL 管道母线相连，如图 3-37 所示。

图 3-37　下层架空过公路 GIL 水平段管道母线拆解图

为了避让安全通道、带电运行沟道等，布置在 ACF3、ACF4 的上下层架空过公路水平段 GIL 管道母线也和 ACF1、ACF2 一样，上下层架空过公路水平段 GIL 管道母线支撑在四方铁塔钢支架上，与左边的垂直段金属波纹管连接，跨过安全通道后支撑在门型钢支架上。在 ACF3、ACF4 的上下层架空过公路水平段 GIL 管道母线旁边布置的是 ACF4 交流滤波器大组户外设备，操作空间也十分狭窄。与 ACF1、ACF2 一样，门型钢支架 A、C 相横档也与立柱焊接成一个整体，B 相横档及立柱之间的斜铁用通过螺栓连接成一个整体，如图 3-38 所示。

图 3-38　ACF3、ACF4 上下层架空过公路水平段 GIL 管道母线

ACF1、ACF2 和 ACF3、ACF4 四个交流滤波器大组的上、下层架空过公路水平段 GIL 管道母线，左侧通过三通与垂直段金属波纹管连接。由于此位置跨度大、重量重，所以，都是采用四方铁塔钢支架作为支撑构件，四方铁塔全部钢构件都是一次焊接成型，不能拆解，下层 GIL 管道母线置于 800 mm×650 mm 的钢支架矩形方孔内，如图 3-39 所示。

图 3-39　ACF2 和 ACF3 下层 GIL 管道母线需从四方铁塔钢支架方孔内穿过

ACF2 下层架空过公路水平段 GIL 管道母线拆解前，须先拆解右侧的天桥垂直段 GIL 管道母线和左侧的垂直金属波纹管；同理，ACF3 下层架空过公路水平段 GIL 管道母线拆解前，也须先拆解右侧 90°拐角处的水平段 GIL 管道母线和左侧的垂直金属波纹管后，即可着手用间距可调节的防滑吊具（见图 3-40）拆解过公路水平段 GIL 管道母线，如图 3-41 所示。具体操作流程如下：

图 3-40　单副间距可调节的防滑吊具整体

图 3-41　用间距可调的防滑吊具拆解下层架空过公路水平段
GIL 管道母线场景（ACF3）

① 预估选择吊点；

② 组装间距可调的下层 GIL 管道母线防滑吊具；

③ 试吊与重心调整；

④ 下层 GIL 管道母线起吊悬空；

⑤ 在四方铁塔方孔上平面与下层 GIL 管道母线之间，垫一块 10 mm 厚的高强度竹纤维板；

⑥ 指挥吊车向右侧缓慢旋转移动，直到下层 GIL 管道母线左侧三通安全穿过四方铁塔方孔；

⑦ 拆除右侧门型钢支架 B 相横档和两立柱间的斜铁；

⑧ 指挥吊车缓慢下降，把过公路下层 GIL 管道母线整体吊到 V 形运输车上；

⑨ 恢复门型钢支架 B 相横档和两立柱间的斜铁；

⑩ 分解过公路下层 GIL 管道母线连接法兰盘，分段吊到 V 形运输车上。

（3）难点4：GIL垂直高压出线套管吊装。

拆除GIL垂直高压出线套管设备引线后，用C形喉箍交叉捆绑吊带即可吊装高压出线套管，具体操作流程如下：

拆除时：

① 长度适当的两根主吊带钩挂在吊车大钩上；

② 长度适当的一根辅助吊带钩挂在吊车小钩上；

③ 指挥吊车调整到待拆除高压出线套管正上方；

④ 将两根主吊带另一头分别穿过固定在高压出线套管顶上脖颈处的C形喉箍吊带两端圆孔；

⑤ 将位于C形喉箍吊带背面（对侧）的两根主吊带交叉后，分别在高压出线套管与三通上法兰脖颈处正反向环兜一圈，并分别用工具U形环将绳头连接固定在其自身主绳上，即两根主吊带呈180°对称布置于高压出线套管与三通上法兰脖颈处两侧；

⑥ 指挥吊车缓慢受力即停止；

⑦ 拆除底座和法兰连接螺栓；

⑧ 指挥吊车吊着与GIL管道母线分离后的高压出线套管到空旷场地；

⑨ 指挥吊车放下小钩上的辅助吊带（离高压出线套管顶部约1m即停）；

⑩ 在靠朝交叉的主吊带一侧，将辅助吊带另一头在高压出线套管与三通连接的上法兰脖颈处环兜一圈，并用工具U形环将绳头连接固定在其自身主绳上；

⑪ 指挥吊车调整大小钩，将高压出线套管由垂直状态调整成水平状态，如图3-42所示，并放在V形运输车上。

图3-42　用C形喉箍交叉捆绑吊带吊装高压出线套管

（4）难点5：近电高空水平段 GIL 管道母线拆装。

按照《中国南方电网有限责任公司电力安全工作规程》（Q/CSG 510001—2015）：① 工作人员和工器具与邻近或交叉的 500 kV 带电线路的距离应大于或等于 6 m；② 吊车与邻近或交叉的 500 kV 带电线路的距离应大于或等于 8.5 m。

由于相邻的 ACF1（3）和 ACF2（4）交流滤波器大组高压出线套管之间（见图 3-43）或下层 GIL 管道母线离上层高压出线套管太近（见图 3-44），电气安全距离不足，吊车等机械无法正常使用，只能牵引到安全位置方可拆除。

下层管道母线离上层高压套管距离太近（最近相水平距离仅3.7 m),电气安全距离不足，吊车等机械无法使用

图 3-43　下层 GIL 管道母线离上层高压套管距离太近

下层管道母线离上层高压出线套管太近（最近相水平距离2 m),电气安全距离不足

图 3-44　下层 GIL 管道母线离上层高压出线套管太近

以上层的 ACF1（4）GIL 管道母线带电运行，拆除下层近电的高空水平段 ACF2（3）GIL 管道母线为例，简要阐述整个拆除过程。

① 在适当位置公分石地面上铺设高强度竹纤维板；

② 在竹纤维板上用快装承重脚手架、五分板、高强度竹纤维板等材料搭设工作平台；

③ 在工作平台上方与下层 GIL 管道母线之间布置液压转运车，如图 3-45 所示；

图 3-45 在 GIL 管道母线下方搭设工作平台

④ 打开 ACF2 垂直金属波纹管与水平段 GIL 管道母线（ACF3 此处为垂直段 GIL 管道母线）之间连接的三通的端盖，如图 3-46 所示；

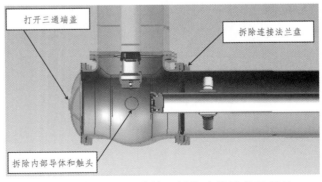

图 3-46 打开三通端盖，拆除连接导体及触头

⑤ 拆开 ACF2 垂直金属波纹管（ACF3 垂直段 GIL 管道母线）与水平段 GIL 管道母线之间的连接导体和触头；

⑥ 拆除 ACF2 垂直金属波纹管（ACF3 垂直段 GIL 管道母线）与三通上法兰盘之间的连接螺栓；

⑦ 用白布带将垂直金属波纹管内的导体向上托住牢固固定在金属波纹管筒壁外的螺栓上，防止脱落掉下，如图 3-47 所示；

图 3-47　用白布带将垂直金属波纹管内的导体向上托住，防止掉下

⑧ 在水平段 GIL 管道母线靠高压出线套管（此前已拆除）侧拴上缆风绳；

⑨ 在水平段 GIL 管道母线靠高压出线套管（此前已拆除）侧，用吊车将水平段 GIL 管道母线轻轻吊起，使垂直金属波纹管与三通法兰盘之间亮缝；

⑩ 把持好工作平台上的液压式转运车，在水平段 GIL 管道母线靠高压出线套管（此前已拆除）侧人力牵拉缆风绳，指挥吊车配合，直至将第一段水平 GIL 管道母线牵离高压带电运行场所，如图 3-48 所示；

⑪ 拆除垂直金属波纹管内的导体的临时绑线后，拆解导体；

⑫ 在空中拆解 GIL 管道母线连接法兰盘；

⑬ 指挥吊车将 GIL 管道母线吊到 V 形运输车上；

⑭ 以此类推，拆解其他水平段 GIL 管道母线。

图 3-48　用吊车吊着 GIL 管道母线人工辅助牵离高压带电运行场所

（5）难点 6：垂直补偿单元和金属波纹管吊装。

因为吊具受力后都是呈垂直的一条直线，ACF1 高压出线套管离下层 GIL 管道母线垂直补偿单元和金属波纹管筒壁距离太近（最近相水平距离仅 4.7 m），电气安全距离不足，吊车无法正常使用，如图 3-49 所示。

图 3-49　ACF1 高压出线套管离下层 GIL 管道母线金属波纹管筒壁之间距离太近

现场通过建立人工吊点,利用借位吊具吊装补偿单元和垂直金属波纹管,拆解时具体操作如下:

① 安装借位吊具,如图 3-50 所示;

② 收紧借位吊具的两个手拉链条葫芦;

③ 拆除垂直补偿单元和金属波纹管与三通下法兰盘之间的连接螺栓;

④ 操作手拉链条葫芦将垂直补偿单元和金属波纹管吊到地面 V 形运输车上,如图 3-51 所示。

图 3-50　安装在三通上的借位吊具

图 3-51　近电场所利用借位吊具吊装垂直补偿单元和金属波纹管

（二）ACF3 和 ACF4 典型难点拆解

ACF3 和 ACF4 拆解难点位置分布如图 3-52 所示。

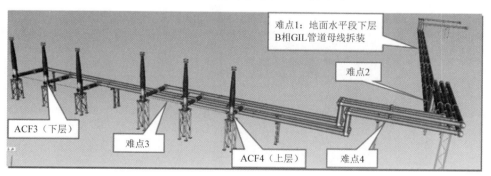

图 3-52　ACF3 和 ACF4 拆解难点位置分布

其中，ACF3 和 ACF4 的难点 2——垂直金属波纹管吊装、难点 3——近电高空水平段 GIL 管道母线吊装、难点 4——下层架空过公路水平段 GIL 管道母线吊装作业与上节 ACF1 和 ACF2 位置类似难度雷同，在此不再赘述。本节仅讲解 ACF4（上层）和 ACF3（下层）的难点 1——地面水平段下层 B 相 GIL 管道母线拆解。ACF3 和 ACF4 地面水平段 GIL 管道母线离地面约 1.2 m，上下层重叠布置场景，如图 3-53 所示。

图 3-53　ACF4 和 ACF3 地面水平段 GIL 管道母线上下层重叠布置场景

ACF3（下层）地面水平段 B 相 GIL 管道母线拆解前，需先拆除 A、C 相 GIL 管道母线。

用液压支撑转运车（见图 3-54）吊装地面水平段下层 B 相 GIL 管道母线流程如下：

图 3-54　液压支撑转运车

（1）在待拆解下层水平段 GIL 管道母线需支放液压支撑转运车的公分石地面上摆好高强度竹纤维板；

（2）在高强度竹纤维板上支放液压支撑转运车；

（3）顶升液压支撑转运车支撑起 GIL 管道母线；

（4）拆除 GIL 管道母线法兰盘连接螺栓；

（5）将法兰盘分开的 GIL 管道母线向左移动至右侧触头分离，如图 3-55 所示；

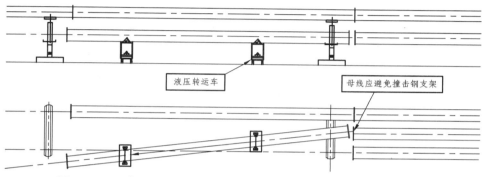

图 3-55   用液压支撑转运车吊装水平段下层 GIL 管道母线示意图

（6）用液压支撑转运车托着 B 相 GIL 管道母线配合穿过无法拆解的钢支架方孔，如图 3-56 所示；

（7）将 GIL 管道母线卸到 V 形运输车上。

图 3-56   用液压支撑转运车托着下层 GIL 管道母线穿过钢支架方孔

第六节 现场检修（修复）技术

一、概 述

GIL 管道母线和 GIS（HGIS）气体绝缘设备在运行过程中，发生故障后都会将导体、金属筒壁、粒子捕捉器、支柱绝缘子等配件造成不同程度损坏。通常情况下放电回路都由导体、粒子捕捉器、支柱绝缘子、金属筒壁构成放电通道，粒子捕捉器、支柱绝缘子机械强度较低，故障后已四分五裂、严重损伤，都必须更换。根据受损程度评估结果，一般金属筒壁和导体经修复，有关试验合格后，方可重新投入运行。

二、检修（修复）技术

（一）检修（修复）方案制定

GIL 管道母线检修（修复）涉及检修、电气试验、金属化学等多个专业，各专业都必须编制详细的作业方案等。

GIL 管道母线检修（修复）过程应设置关键点检查表，关键点需包括预防异物的产生、气室水分含量的控制、抽真空作业、充注六氟化硫气体等内容，见表 3-9。

表 3-9 GIL 管道母线检修（修复）过程关键点检查

序号	检修项目	关键控制点	质量标准	控制类型	检查方式	检查结果
1	GIL 管道母线检修	预防异物的产生		W	R、P	
2		气室水分含量的控制		W	R、P	
3		抽真空作业		W	R、P	
4		充注六氟化硫气体		W	R、P	

注：控制类型：W 为见证点；检查方式：P 为巡视，R 为文件检查。

（二）对检修环境的控制措施

GIL 管道母线检修（修复）对环境的控制分为整体、局部措施，如图 3-57 和图 3-58 所示。在湿度超标的环境中短时开展作业，可向正在开口对接的

GIL 管道母线中持续充注合格的干燥空气，这种方法是不得已而为之，有条件还是尽量在环境湿度合格的情况下再开展。

图 3-57　整体环境控制措施

图 3-58　局部环境控制措施

（三）GIL 管道母线检修（修复）技术

故障后的 GIL 管道母线金属筒壁和导体上都会留下被电弧灼伤的弧坑，通常采用钨极氩弧焊法进行修复。

1. 钨极氩弧焊

钨极氩弧焊的特点是操作简单，热量集中，气体保护效果好，焊缝成形美观，质量好，焊件的变形量小。通常，对质量要求较高的铝合金管道母线都采用氩弧焊进行焊接。

钨极氩弧焊焊接规范主要涉及焊接电流、焊接速度、电弧电压、钨极直径和形状、气体流量与喷嘴直径等参数。这些参数的选择主要根据焊件的材料、厚度、接头形式以及操作方法等因素来决定。

1）电弧电压

电弧电压增加（或减小），焊缝宽度将稍有增大（或减小），而熔深稍有下降（或稍为增加）。当电弧电压太高时，由于气体保护不好，会使焊缝金属氧化和产生未焊透缺陷。所以，钨极氩弧焊时，在保证不产生短路的情况下，应尽量采用短弧焊接，这样气体保护效果好，热量集中，电弧稳定，焊透均匀，焊件变形也小。

2）焊接电流

随着焊接电流增加（或减小），熔深和熔宽将相应增大（或减小），而余高则相应减小（或增大）。当焊接电流太大时，不仅容易产生烧穿、焊缝下陷和咬边等缺陷，而且会导致钨极烧损，引起电弧不稳及钨夹渣等缺陷；反之，焊接电流太小时，由于电弧不稳和偏吹，会产生未焊透、钨夹渣和气孔等缺陷。

3）焊接速度

当焊枪不动时，氩气分布均匀，保护效果最好。随着焊接速度增加，氩气保护气流遇到空气的阻力，使保护气体偏到一边，正常的焊接速度氩气对焊接区域仍保持有效的保护。当焊接速度过快时，氩气流严重偏移到一侧，使钨极端头、电弧柱及熔池的一部分暴露在空气中，此时，使氩气保护作用遭到破坏，焊接过程无法进行。

4）钨极

焊前应检查钨极装夹情况，钨极应磨成圆锥平台形，以便电弧集中稳定燃烧，外伸长度一般为 5 mm 左右，钨极应处于焊嘴中心，不得歪偏。

5）喷嘴直径和氩气流量

（1）喷嘴直径。

喷嘴直径的大小直接影响保护区的范围。如果喷嘴直径过大，不仅浪费氩气，而且会影响焊工视线，妨碍操作，影响焊接质量；反之，喷嘴直径过小，则保护不良，使焊缝质量下降，喷嘴本身也容易被烧坏。一般喷嘴直径为 5 ~ 14 mm。喷嘴的大小可按经验公式确定，即

$$D = (2.5 \sim 3.5)d$$

式中，D 为喷嘴直径，mm；d 为钨极直径，mm。

喷嘴距离工件越近，则保护效果越好；反之，保护效果越差。但过近会造成焊工操作不便，一般喷嘴至工件间距离为 10 mm 左右。

（2）氩气流量。

气体流量越大，保护层抵抗流动空气影响的能力越强，但流量过大，易使空气卷入，应设置适当的气体流量。氩气纯度不低于 99.9%，纯度越高，保护效果越好。氩气流量可以按照经验公式来确定，即

$$Q = KD$$

式中，Q 为氩气流量，L/min；D 为喷嘴直径，mm；K 为系数，K=0.8～1.2，使用大喷嘴时 K 取上限，使用小喷嘴时取下限。

2. GIL 管道母线现场检修（修复）技术

下面以单相 500 kV GIL 管道母线故障后，三支柱绝缘子更换和管道母线内筒壁修复为例，阐述 GIL 管道母线现场检修（修复）技术及过程管控措施等。

1）磨削焊缝

用角向磨光机磨削固定板与 GIL 管道母线壳体之间的三处焊缝，如图 3-59 所示。

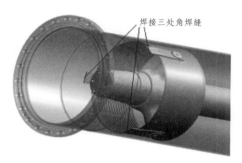

图 3-59　磨削焊接位置

2）准备打磨内筒壁

将三支柱绝缘子整体向 GIL 管道母线筒内位移约 500 mm，腾出壳体内筒壁作业空间，如图 3-60 所示。并在三支柱绝缘子前装入焊接导体保护工装，防止金属粉末颗粒飞溅。

图 3-60　位移三支柱绝缘子腾出作业空间

3）打磨壳体内筒壁

使用角向磨光机，结合电动钢丝刷、角磨片等可靠的打磨工器具，先抛光壳体内筒壁固定板焊缝痕迹；再用#600砂纸打磨光滑；然后，用吸尘器将金属颗粒碎屑吸出；最后，用百洁布、无毛纸擦拭壳体内筒壁，保证壳体内部无毛刺、尖角、切屑、金属微粒及其他杂物，如图3-61所示。

图 3-61　打磨 GIL 管道母线内筒壁

4）更换三支柱绝缘子

（1）拆除旧的三支柱绝缘子。

从 GIL 管道母线筒固定三支柱绝缘子侧退出导体组件，并放置在导体支撑工装上，如图3-62所示。

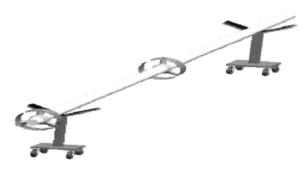

图 3-62　拆除出来的导体支在导体工装上

在导体上对原固定三支柱绝缘子和滑动三支柱绝缘子的位置进行标记（后续清洁清理时要注意保留）。用氩弧焊焊枪对中心筒体与导体间的焊点切割，原三支柱绝缘子与中心筒从导体上拆下，如图3-63所示。

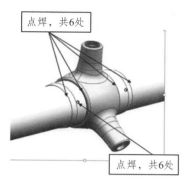

图 3-63　中心筒体与导体之间的焊点位置

（2）安装新的三支柱绝缘子。

① 就位。

导体打磨光滑，清理、清洁后，即可照着旧的三支柱绝缘子记号将新的三支柱绝缘子就位，就位时应注意力集中，不要擦伤导体。三支柱绝缘子就位后，用水平尺进行操平。以导体端部螺栓孔位置为参照，调整三支柱绝缘子的方向，并保持三支柱绝缘子方向一致，如图 3-64 所示。

图 3-64　新旧三支柱绝缘子的方向一致

② 焊前准备。

焊接前，用酒精清洗干净待焊工件和焊丝表面的氧化膜及油污等，以免产生气孔。焊丝采用与 GIL 管道母线化学成分相同的焊丝。

设置工艺参数如下：

焊接方式：手工焊接；焊接电流：300～350 A；焊丝：Φ5 mm；氩气流量：20～30L/min。

焊前需正确佩戴好焊接安全防护用品用具。

焊接前，调整滑动三支柱绝缘子的导电触头支腿垂直向下，其他三支柱绝缘子的支腿以此为参照也调整垂直向下，并保证焊点处于平焊身位，如图3-65所示。

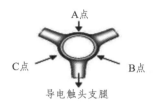

图 3-65　滑动三支柱绝缘子导电触头支腿方向示意图

③ 焊接。

焊接时，先焊接固定三支柱绝缘子，随后焊接滑动三支柱绝缘子。焊接顺序是先焊接 A 点，再焊接 B 点、C 点。各焊点均保持平焊身位。先从三支柱绝缘子中心筒孔位导体部位引弧，焊丝缓慢送进熔池，堆滴孔位后熔合三支柱绝缘子连接筒壁，焊接电弧背向三支柱绝缘子，使电弧热量尽量不向三支柱绝缘子方向传导，熄弧时需填满弧坑（建议使用焊机上的"收弧"功能），保证 2~3 mm 余高，如图 3-66 所示。

图 3-66　焊接方向及身位

（3）打磨焊缝。

目视检查各塞焊焊缝，焊缝表面不允许有裂纹、气孔、夹渣、焊瘤、未熔合等缺陷。打磨、清理焊缝前，须在中心筒与导体连接的两端缝隙处粘上纸胶带，须粘接严实，防止打磨时金属碎屑进入缝隙内。

再用角向磨光机、砂纸等依次打磨焊缝表面；然后，用吸尘器将金属颗粒碎屑吸出；最后，用百洁布清理、清洁，用无毛纸擦拭壳体内筒壁。使焊缝（点）余高高出三支柱绝缘子中心连接筒 0.5 ~ 2 mm，且过渡圆滑。保证壳体内部无毛刺、尖角、切屑、金属微粒及其他杂物。

（4）三支柱绝缘子装配及导体就位。

① 固定三支柱绝缘子装配。

按照固定三支柱绝缘子图纸要求将粒子捕捉器、固定板、螺栓等配件装配好，螺栓上涂抹厌氧胶后拧紧在固定三支柱绝缘子上，力矩值满足设计要求，如图 3-67 所示。

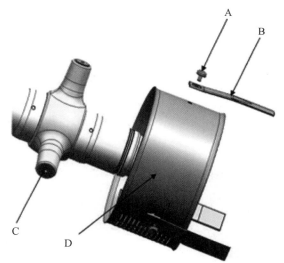

A—螺栓；B—固定板；C—固定三支柱绝缘子；D—粒子捕捉器。

图 3-67　固定三支柱绝缘子装配

② 滑动三支柱绝缘子组件装配。

按照滑动三支柱绝缘子图纸要求将屏蔽罩、滚轮、导电触头等配件装配好。尤其是徒手握工装紧固螺母 H，且保证螺母 H 和粒子捕捉器 C 贴合紧密，如图 3-68 所示。

③ 导体就位。

三支柱绝缘子装配完成后，将 3 块固定板收紧用白布带拴在导体上；再在导体端头安上导体推入壳体工装，将导体推入 GIL 管道母线壳体内，导体顶到定位工装为止，如图 3-69 所示。

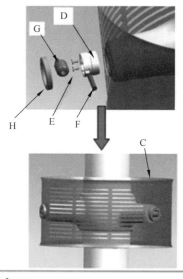

⚠ 需徒手握工装紧固螺母H，且保证H、C密切贴合。

图 3-68　滑动三支柱绝缘子组件装配

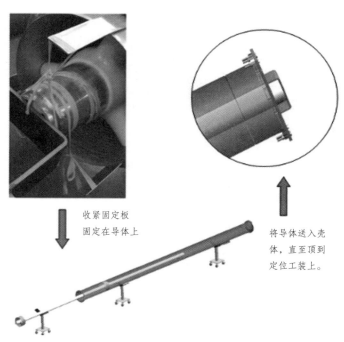

收紧固定板
固定在导体上

将导体送入壳
体，直至顶到
定位工装上。

图 3-69　GIL 管道母线导体顶到导体定位工装为止

（5）固定三支柱绝缘子固定板焊接。

焊接前，正确佩戴好焊接劳动防护用品用具。焊接烟尘净化设备准备就绪。固定三支柱绝缘子侧 GIL 管道母线筒内，装入焊接保护工装。

为实现三块固定板焊后受力均匀、强度一致，设置工艺参数如下：

焊接方式：手工焊接；焊接电流：300～350 A；焊丝：Φ5 mm；氩气流量：20～30 L/min。

焊接作业分为两步：

第一步，转动母线筒使固定三支柱绝缘子其中一个固定板处于平焊位置，点焊固定板的横边与母线筒内壁，待焊点凝固后转动母线筒，使第二个固定板处于平焊位置，点焊第二个固定板的横边与母线筒内壁。第三个固定板暂不点焊。

第二步，转动母线筒使未点焊固定的固定板处于平焊位置，焊接该固定板与母线筒内壁，先分别焊该固定板的两侧边，焊接方向从筒体内向筒体外焊接，焊缝长 50～60 mm；然后，焊接固定板的横边焊缝，使两条侧边焊缝与横边焊缝连成一体，焊接熄弧时须填平弧坑（建议使用焊机上的"收弧"功能），防止产生弧坑裂纹，该固定板焊接完毕后，转动母线筒依次对剩余的两个固定板与母线筒内壁进行焊接。

焊接后，对焊缝质量及外观进行检查，不允许有裂纹、气孔、夹渣、未熔合等缺陷，焊缝外观均匀一致，焊缝与母材光滑过渡。

（6）焊缝及筒壁清理。

先用角向磨光机、砂纸等依次打磨焊缝表面，再用吸尘器将金属颗粒碎屑吸出，然后，用百洁布清理、清洁，用无毛纸擦拭壳体内筒壁。使焊缝（点）余高高出三支柱绝缘子中心筒约 2 mm，且过渡平滑。保证壳体内部无毛刺、尖角、切屑、金属微粒及其他杂物。最后，在 GIL 管道母线筒两端安上运输盖板或用双层塑料布包裹防尘防潮。

（7）焊缝质量与外观检查。

焊接后，工件不允许有裂纹、气孔、夹渣、焊瘤、未熔合等缺陷。原则上不对焊缝进行打磨处理，焊缝外观均匀一致，焊缝与母材平滑过渡。

（四）质量检验

氩弧焊焊接是 GIL 管道母线修复过程的重要工序，焊接检验工作贯穿于整个修复工作始终。

焊接检验工作一般包括焊前、焊中及焊后检验。焊前检验主要包括：检查技术文件（图纸、检查表、工艺守则）是否齐全，焊接工艺守则是否正确、符合规范、满足要求，焊接材料和母材的质量检验，焊接设备是否齐全、完备完好，焊工技能等级水平及是否持证上岗，焊接防护用品是否齐全、完备，作业场所是否清理，焊接辅助设施是否完整完好，灭火器等消防设施是否齐全到位、完备完好。

焊接过程中的检验，主要是检查焊接设备的运行情况、焊工精神状态、工艺守则的执行情况等。

焊后检验方法较多，可分为非破坏性检验（无损检验）和破坏性检验两大类。

非破坏性检验（无损检验）方法主要包括外观检查、水压试验、气压试验、煤油试验、磁粉检验、着色探伤、荧光探伤、X射线探伤、γ射线探伤、超声波测厚、渗透检验等。

GIL管道母线仅进行了局部检修(修复)，故仅需做外观检查、气压试验、X射线探伤、超声波测厚、渗透检验。

1. 外观检验

一般以肉眼观察为主，也可用5~10倍放大镜来检查。主要是检查焊缝外形尺寸是否符合有关标准以及图纸要求，焊缝的外形是否光滑平整，余高是否适当，焊缝与母材金属过渡是否圆滑等；另外，还要检查焊缝表面是否有裂纹、气孔、焊瘤、咬边，弧坑中是否有裂纹等缺陷。

2. 气压试验

GIL管道母线修复后可采用气压试验来检验其密封性和强度。试验时将压缩空气注入容器或管子内，在焊缝表面涂抹肥皂水。如果发现有气泡的地方，说明该处有缺陷存在，并做出标记，以便再次修复；也可以将GIL管道母线放入水槽中，并注入压缩空气。如果发现有水泡冒出的地方，说明该处有缺陷。

3. X射线探伤

X射线探伤可检验焊缝内部裂纹、未焊透、气孔、夹渣等缺陷。

1）X射线数字成像原理

X射线数字成像原理与医院胸透一样，X射线数字成像系统中的X射线机发出波长很短（0.01~10nm）的电磁波，即X射线，透过被检测的物体，物体后方的光电转换器（成像板或 IP 板）采集透视信息后处理、显示物体出物体内部的结构信息。

2）X 射线检验组成设备

设备由 X 射线机、数字成像板（或 IP 板）、线路、数据采集和处理计算机等构成，如图 3-70 所示。

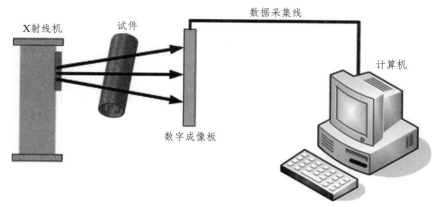

图 3-70　X 射线数字成像检验系统基本组成设备

3）技术特点

（1）优点：

① 分辨率高，图像清晰、细腻，可根据需要进行诸如数字减影等多种图像后处理，以期获得理想的诊断效果。

② 数字图像显示。可根据缺陷状况进行数字摄影，然后通过一系列影像后处理如边缘增强、放大、黑白翻转、图像平滑等功能，可从中提取出丰富、可靠的诊断信息。

③ 所需剂量少。能用较低的 X 线剂量得到高清晰的图像，减少了受 X 射线辐射的时间。

（2）缺点：

① 设备重量重，检测操作费时费力，效率低，只能用于单个问题设备定点检查，无法开展普遍检测；DR 检测设备布置空间要求大，被检测设备四周必须留有足够空间；

② X 射线具有危害性，安全防护要求高，开展 X 射线检测作业时，GIL 管道母线修复场所内其他作业和操作必须完全停止，场内人员应完全清空。可采取缩短辐射时间、远离射线源、天然屏蔽层、移动防护铅板等方法进行防护。

4）检验流程

X 射线探伤检验流程如图 3-71 所示。

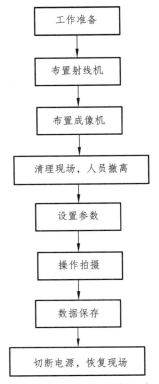

图 3-71　X 射线探伤检验流程

5）DR 检测方法及检测结果的判定

检测方法按 NB/T 47013.11—2015《承压设备无损检测第 11 部分：X 射线数字成像检测》进行。检测结果按质量标准进行质量判别。

6）DR 应用

X 射线数字成像检验系统还可应用于 GIS（HGIS）管道母线等检验。

4．超声波测厚检验

1）超声波测厚检验原理

脉冲反射法是超声波测厚检验法中最基本的一种方法。由超声波探头在脉冲源的激励下发出间断的超声脉冲进入工件。在工件底面处或工件的不连续处的声阻抗不相同，声能在工件底面处或阻抗不连续处发生反射，其中一部分声能被反射回来，由探头（或另外一个探头）接收回波，再把它变成电信号显示出来，这种方法叫脉冲反射法超声波测厚检验法，如图 3-72 所示。

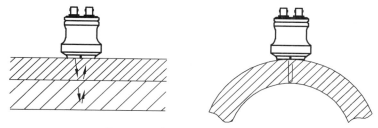

图 3-72　超声测厚仪工作原理

2）超声波测厚组成设备

超声波测厚设备由仪器主机、声能转换器和连接线组成，如图 3-73 所示。

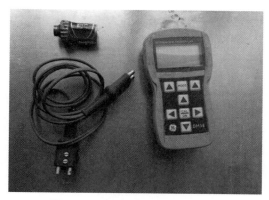

图 3-73　超声波测厚组成设备

3）超声波测厚技术特点

（1）优点：

① 检验过程不需要拆卸工件或破坏工件，适合实时监测。

② 检验设备简单轻便，不需要专门操作培训，检验速度快。

（2）缺点：

由于超声脉冲有时间宽度，测厚数值存在下限，一般不适于厚度低于 1 mm 的部件；检验准确性依赖于材料声速的准确测量。

4）检验流程

超声波测厚检验流程如图 3-74 所示。

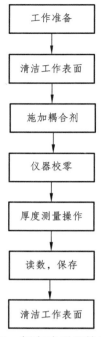

图 3-74　超声波测厚检验流程

5）超声波测厚检测方法及结果的判定

检测方法按《无损检测超声测厚》（GB/T 11344—2021）进行。检验结果按设计厚度进行质量判别。

6）应用

在试验室内对设备、部件的样品进行厚度检测；在输变电设备监造工作中，对设备、部件的厚度进行检测，如 GIS、HGIS、断路器触头、变压器壳体厚度等。在设备检修工作中，对磨损后的触头镀层等部件进行厚度检测。

5. 渗透检验

1）渗透检验原理

工件表面被涂有渗透液后，在毛细管的作用下，经过一定时间。渗透液渗进表面开口的缺陷中，经去除工件表面多余的渗透液后，再施涂显像剂，在毛细管的作用下，显像剂将吸引缺陷中保留的渗透液回到显像剂中，在一定光源下缺陷处的渗透液被显示，从而探测缺陷的形貌和分布状态。

2）渗透检验设备

渗透检验设备由清洗剂、渗透剂、显像剂成套组成，如图 3-75 所示。

图 3-75　渗透检验组成设备

3）渗透检验的技术特点

渗透检验的目的是将待检验零部件的表面开了口的细微的缺陷扩大之后将其排查出来。

（1）优点：

可以检查非多孔性金属和非金属零件或材料的表面开口缺陷；渗透检验不受待检零部件化学成分、结构、形状及大小的约束。

（2）缺点：

不能检验表面是吸收性的零件或材料，如粉末冶金零件、水泥制品；不能检验因外来因素造成开口被堵塞的缺陷，如零件经喷丸或喷砂，则可能堵塞表面缺陷的"开口"；不能检验对于会因为试验使用的各种探伤材料而受腐蚀或有其他影响的材料。

4）检验流程

渗透检验流程如图 3-76 所示。

5）渗透检验方法及结果的判定

渗透检验方法按《承压设备无损检测　第五部分：渗透检测》（NB/T 47013.5）进行。检测结果按质量标准进行质量判别。

6）应用

在试验室内对输变电设备样品进行局部检测；在输变电设备检修工作中，对设备、部件局部进行检测；在输变电设备预试工作中，对设备、部件局部进行检测。

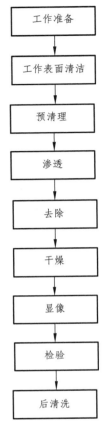

图 3-76　渗透检验流程

6. 破坏性检验

破坏性检验包括化学分析、金相组织检验、机械性能试验（拉伸试验、冲击试验、弯曲试验、压扁试验、硬度试验）等。

第七节　GIL 管道母线复装

GIL 管道母线现场复装作业与拆解、检修作业应统筹同步开展。复装顺序与拆解顺序相同，也就是均从 GIS 接口开始到高压出线套管位置，如图 3-77 所示。

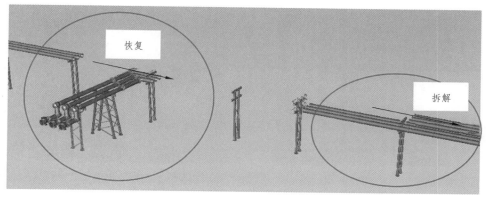

图 3-77　GIL 管道母线复装路径

一、零部件清理

GIL 管道母线筒壁和导体内部清洁及法兰盘对接需在防尘帐篷中进行。
GIL 管道母线标准单元：

（1）将 GIL 管道母线筒放置在 V 形运输车上，用干净的棉纱白布蘸无水酒精擦拭外表面。

（2）拆开 GIL 管道母线筒的运输盖板，用白布带悬挂或木板支撑导体，使导体位于中心。

（3）用吸尘器抽吸法兰盘面和螺栓孔，再用无毛纸蘸无水酒精清理法兰密封面。

（4）清理触头及导体内外。

（5）采用强光手电照亮筒体内部，利用 PVC 管加长吸尘器管对内部进行清理，清除所有可见的小颗粒，如图 3-78 所示。

图 3-78　清理 GIL 管道母线内

（6）检查绝缘体表面是否完好、清洁，使用反光镜对三支柱绝缘子内侧检查。使用无毛纸蘸丙酮清理。尤其认真清理三支柱绝缘子与粒子捕捉器之间的缝隙处，如图 3-79 所示。

图 3-79 用反光镜检查三支柱绝缘子内侧

（7）清洁完成后，立即用干净的双层塑料布或运输盖板封口防潮防尘保护。

二、导体、触头类

（1）将导体放置在导体托架上，检查并用手触摸导体内外、触头里外是否会刮手，如图 3-80 所示。

图 3-80 检查导体

（2）去除镀银面的氧化层：先用百洁布轻轻打磨镀银面，再用无毛纸蘸无水酒精擦拭干净导体镀银面和导体、触头内外。

（3）若导体较长时，内部不易清理，可用可伸缩绝缘杆在端部用白布包绕成比导体内径略大的布团，用其蘸无水酒精对导体内部进行清理，如图 3-81 所示。

（4）如导体有轻微的碰伤、擦伤及其他伤痕刮手，则需用百洁布将翘起部位打磨至光滑后，再进行清洁作业。

图 3-81 用可伸缩绝缘杆包上白布团清洁导体里面

（5）清理完毕，确认表面光滑且无灰尘金属颗粒着附，方可进行安装（安装时滑动导电接触面涂敷 VP980）。

（6）清理后的零件，因故无法立即安装，需在导体两端套上保护套，并用塑料布将导体、触头等包裹，并妥善保管。

三、壳体、法兰类

（1）将 GIL 管道母线筒放置在 V 形运输车上，拆开母线筒的运输盖板。

（2）用吸尘器抽吸法兰面及螺丝孔和壳体内部，再用白布、无毛纸蘸无水酒精清理法兰面和壳体内壁。尤其是补偿单元和金属波纹管的不锈钢百褶裙缝隙里，更要认真清理，如图 3-82 所示。

图 3-82 认真清理 GIL 管道母线内壁和金属波纹管百褶裙缝隙里

（3）清理完毕，确认法兰、壳体内壁光滑且无灰尘金属颗粒附着，方可进行安装。

（4）清理后用双层塑料布将 GIL 管道母线筒法兰盘包裹好，待对接时两法兰盘距离 300 mm 左右才能揭开，再次清理后完成对接。

四、盆式绝缘子

GIL 工程有极少量的盆式绝缘子用于分隔气室，如 GIS 与 GIL 连接的过渡气室处。盆式绝缘子都是随 GIL 管道母线筒（形态）运输，不单独包装。

（1）检查并用手触摸盆式绝缘子表面无划伤、毛刺和缺陷。

（2）先用无毛纸蘸丙酮擦拭盆式绝缘子的绝缘部分，再用无毛纸蘸无水酒精擦拭盆式绝缘子的导体部分。

盆式绝缘子的 A、B、C、D 四个凹陷部位不易清理干净，清理时应特别仔细。盆式绝缘子是环氧树脂制品，清理密封槽时不宜采用金属器具，可用胶木板磨成斜口做成刮片进行清理。

（3）清理完毕，经确认无灰尘金属颗粒附着，方可进行安装，如图 3-83 所示。

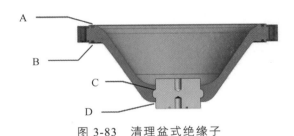

图 3-83　清理盆式绝缘子

（4）清理后的零件，因故无法立即安装，需用塑料布包裹，并妥善保管。

五、O 形密封圈

O 形密封圈是 GIL 管道母线密封系统的重要组成部分，其品质、安装工艺质量将直接影响到密封性能。旧的密封圈必须更换。O 形密封圈用量大、型号规格多，使用时必须和密封槽对应一致。

（1）检查并用手触摸 O 形密封圈表面无划伤、毛刺和缺陷。

（2）用无毛纸蘸无水酒精擦拭 O 形密封圈表面。清理完毕，经确认无灰尘附着，方可进行安装。

（3）O 形密封圈的安装：仅在相对应的密封槽内，以 O 形圈中心线为界，中心线靠朝大气一侧（除孔外）的面全部用附着道康宁 111 油脂的滚刷均匀地涂敷一层。

（4）将 O 形密封圈放入密封槽内。

六、可拆单元恢复

（1）清理 GIS 与 GIL 管道母线的过渡气室四通壳体内部、法兰盘密封面。清理相邻补充单元和金属波纹管、盆式绝缘子及管道母线等。

（2）GIS 与 GIL 管道母线的过渡气室四通壳体内导体暂不安装（必须在 GIL 管道母线耐压试验合格后才能安装）。

七、标准管母单元恢复

（1）将现场检修（修复）并清理完成的 GIL 管道母线放置于 V 形运输车上转运到装配区。

（2）吊装对接应从 GIS 与 GIL 管道母线过渡气室一侧开始复装。如果对接时湿度超标可用干燥空气发生器吹入干燥空气，保证管内绝缘子及导体不受潮。导体镀银面应涂覆 VP980。法兰面涂覆道康宁 111 油脂。

（3）为了保证 GIL 管道母线导致装配的可靠性和正确性，对于现场装配的导体必须测试导电杆屏蔽罩端头与止位螺钉之间的尺寸，推算出梅花触指之间的有效接触长度，以保证导体有效接触尺寸。取下相邻间隔的包装运输盖板和吸附剂盖板，清理法兰、壳体内侧及盆式绝缘子表面，清理粉尘颗粒、检查导体镀银层、整理导体，在接触面表面或梅花触指上涂覆少许润滑脂。

（4）对接时宜使用定位销。定位销是为了减小误差叠加的专用工器具，使用时，应能毫不费劲地取下。为了防止安装过程中的颗粒等掉入 GIL 管道母线筒体内，水平布置的两个定位销最高位置不宜高于连接法兰盘中心线。导体插入触头后，拆除悬吊着导体或支撑着导体的托板工装，再先穿入定位销下半部分螺栓，确认 O 形密封圈位置正确且未位移后，如图 3-84 所示，稍微紧固对接螺栓到法兰盘合缝，然后穿入剩下的螺栓，并紧固，最后用力矩扳手检查连接螺栓力矩值，并做标记。

图 3-84　确认密封圈位置正确未位移

（5）在 GIL 管道母线底座和钢支架横档之间垫好不锈钢垫铁，确认 GIL 管道母线位置与拆解时一致，复装限位压块及螺栓，紧固所有螺栓到标准力矩值，并做标记，如图 3-85 所示。

图 3-85　恢复限位压块等附件

（6）按此方法进行 A、C 相复装，并检查相间距离。

（7）安装并检查合格后继续进行下一段管道母线复装。

八、补偿单元和金属波纹管复装

（1）水平布置的补偿单元和金属波纹管应先与相邻管道母线对接、插入导体后再整体进行吊装。

（2）下层 B 相垂直段补偿单元和金属波纹管复装前，需先在地面上对接好高空跨公路水平段 B 相管道母线及三通；然后，在四方铁塔方孔底座上铺好一块 10 mm 厚的高强度竹纤维板；再用可调节防滑吊具吊着高空跨公路水平段 B 相管道母线及三通；又短时拆除门型直立钢支架斜铁和下层 B 相管道母线横档，指挥吊车吊着管道母线从四方铁塔方孔穿过固定；最后，门型直立钢支架斜铁和下层 B 相管道母线横档。

近电场所的 B 相垂直补偿单元和金属波纹管筒体需用借位吊具完成复装。先将借位吊具固定在就位完备的下层 GIL B 相管道母线三通法兰顶部。再用两个手拉葫芦把垂直补偿单元和金属波纹管筒体安装完成；最后，用白布带托着导体固定在筒体外的螺栓上防止导体掉下。

下层 A、C 相垂直段补偿单元和金属波纹管，可与 A、C 相水平段 GIL 管道母线在地面上对接完成后整体吊装。

（3）补偿单元和金属波纹管法兰面应涂覆少许道康宁 111 油脂。在接触面表面或梅花触指上涂覆少许润滑脂。

（4）复装时注意补偿单元和金属波纹管的方向，两个衬套螺母 3 所在平面必须垂直于与之相连的转角母线；在垂直布置时，还应将带衬套螺母的金属波纹管置于下侧，如图 3-86 所示。

图 3-86　补偿单元和金属波纹管方向位置

注意：对补偿单元所在管道母线气室抽真空或充入六氟化硫气体之前，必须将拉杆 1、2、3 两侧的螺母和背帽拧紧，否则将导致补偿单元损坏或导体脱落等。

（5）紧固所有螺栓到标准力矩值，并做标记。

（6）复装时，确认补偿单元和金属波纹管复装位置与解体前一致，这样可以避免安装过程中补偿单元和金属波纹管的调节。

补偿单元调节范围：补偿器壳体的最大允许倾角 ≤ ±3°，补偿器长度单边可调 ±15 mm，调节后必须保证两边波纹管长度相等，如图 3-87 所示。

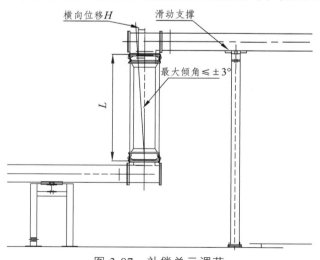

图 3-87　补偿单元调节

（7）充气完成后拆除拉杆 1 或拆除拉杆 1 外侧螺母，并将内侧螺母放松至 30 mm。

（8）间隙调节完成后拧紧拉杆螺栓、衬套上的所有螺母和背帽。

九、高压出线套管复装

（1）以高压出线套管为参照，选择长度适当的主吊带、辅助吊带、C 形喉箍交叉捆绑吊带及工具 U 形环等起重吊具，如图 3-88 所示；

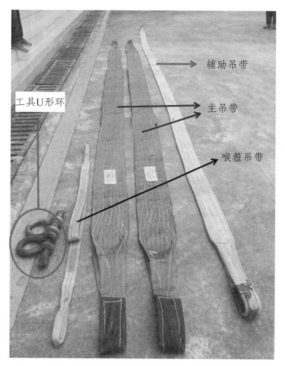

图 3-88　C 形喉箍交叉捆绑吊带及工具 U 形环等吊具

（2）组合 C 形喉箍交叉捆绑吊带；

（3）指挥吊车调整大小钩，将高压出线套管由水平状态调整成垂直状态；

（4）拆除辅助吊带工具 U 形环，解除辅助吊带；

（5）指挥吊车将高压出线套管调整到安装位置；

（6）在法兰面上涂覆少许道康宁 111 油脂，在导体镀银面涂覆少许 VP980；

（7）将高压出线套管缓缓落下进行对接，注意套管方向是否与拆解前相符；

（8）按要求紧固所有螺栓到标准力矩值，并做标记；

（9）在高压出线套管下方拆除工具U形环，解除交叉捆绑主吊带、C形喉箍吊带等；

（10）吊起屏蔽环，轻轻落在高压出线套管上，然后，紧固螺栓到标准力矩值，并做标记，如图3-89所示。

图 3-89　复装高压出线套管均压环

十、主回路电阻测试

主回路电阻试验通常在 GIL 管道母线充注六氟化硫气体之前进行。GIL 管道母线回路电阻试验结果应与出厂试验数据进行比较。具体参见第四章第二节。

十一、更换吸附剂

（一）对吸附剂的性能要求

六氟化硫气体中的水分、杂质等可以用适当的吸附剂来进行吸收。在 GIL 管道母线气室内一般都在适当位置配置适量的吸附剂，吸附剂具有吸附检修安装过程及运行时，绝缘材料及六氟化硫气体中的水分和分解产物的双重作用，从而保证设备和作业人员的安全。

吸附剂需具有以下性能：

（1）吸附剂应具有良好的机械强度。

（2）吸附剂应具有足够的吸附能力。

（3）吸附剂的组成成分应不含有导电性，以防其粉尘影响六氟化硫绝缘气体的电气绝缘性能。

（4）GIL 管道母线吸附剂罩的固定应牢固可靠，防松措施有效、得当。

（二）吸附剂的种类

针对六氟化硫电弧分解气中所含杂质的特点以及实际应用中对吸附剂的要求，目前，国内外应用于 GIL 管道母线内的吸附剂主要是活性炭、活性氧化铝和分子筛。

1. 活性炭

它能吸附的分解物有 SOF_2、SO_2、SF_5OCF_3，另外对 SOF_4、SO_2F_2 也有一定的吸附能力。对其总的评价是吸附能力最强，但选择性差。再者，由于活性炭对六氟化硫气体的吸附能力也很强，所以，不能用于六氟化硫气体绝缘设备。

2. 活性氧化铝

它是由天然氧化铝或铝土矿经特殊处理制成的多孔结构物质，具有机械强度高、物理化学稳定性好、耐高温、抗腐蚀性能好等优点，对 SOF_2、SO_2F_2、SOF_4、SF_4、SO_2、$S_2F_{10}O$ 等分解产物都具有较好的吸附性能，有较好的选择性，且基本上不吸附六氟化硫气体，它能够通过真空干燥和加热实现重复利用，是较理想的吸附剂。但是热活性氧化铝能与六氟化硫电弧气体副产物发生放热反应，比如与 SOF_2 或 SF_4 发生反应，从而导致活性氧化铝失去吸附能力。

3. 分子筛

它是一种人工合成沸石-硅铝酸盐晶体。它无毒、无味、无腐蚀性，不溶于水和有机溶剂，能溶于强酸和强碱。它对 SOF_2、SF_4 等气体分解产物的吸附能力优于活性氧化铝。在气体含水量较低时，分子筛对水分的吸附能力也优于活性氧化铝，但其吸附饱和时无明显迹象，更换频率不易确定。

除此之外，烧碱（NaOH）、石灰（CaO）也是优良的吸附剂，但都不及活性氧化铝、分子筛的性能。

（三）吸附剂的使用

1. 吸附剂的干燥处理

吸附剂在使用前应进行干燥处理，以提高吸附剂的净化效果和使用寿命。

吸附剂干燥处理的主要方法大致可分为常压干燥法和真空干燥法。

1）常压干燥法

常压干燥法一般可在烘箱内进行，对于活性氧化铝类，一般干燥温度可控制在 180～200 ℃，分子筛类控制在 450～550 ℃。

2）真空干燥法

真空干燥法要在真空干燥炉内进行，当干燥温度低于 200 ℃并且活性氧化铝的量较少时，可在真空干燥箱内进行预处理。真空度越高，处理效果越好。两种预处理方法对比，真空干燥较常压干燥的处理效果好。但在没有真空干燥设备的情况下，常压干燥也能满足使用要求。预处理的关键是保证水分要去除干净。

2. 吸附剂的使用

目前，现场使用的多为真空包装的吸附剂，使用前必须存放在干燥的户内。使用时，需先连接好气室抽真空设备和管道，再同时将 GIL 管道母线的同一个气室内不同位置的吸附剂配件清洁干净、吸附剂装袋、安装吸附罩、恢复盖板后，直至在规定的时间内对该 GIL 管道母线气室抽真空。

（1）吸附剂更换应在晴好天气进行。

（2）同一个 GIL 管道母线气室的多个吸附剂分布位置，均要安排检修人员同步开展作业。

（3）拆下 GIL 管道母线吸附剂盖板检查法兰面、密封槽、吸附剂罩、螺栓、防松锁片等，用百洁布、无毛纸蘸无水酒精对缺陷瑕疵进行抛光打磨处理。

（4）GIL 管道母线与真空平台（泵）之间连接好高压软管，真空泵旋转方向正确、运行正常。

（5）取新密封圈进行检查清理，然后装入密封槽内。

（6）各点位同时打开吸附剂真空包装袋，将吸附剂放入吸附剂罩内，用螺栓固定在盖板上，并掰开螺栓防松锁片，用无毛纸蘸无水酒精清理清洁后，复装到 GIL 管道母线上，按要求紧固螺栓到标准力矩值，并做标记。

（7）从打开第一包吸附剂包装到抽上真空之间的时间应控制在 40 min 以内。最后一块盖板复装完毕后应立即开始抽真空。

十二、气室抽真空

（一）真空平台（泵）

（1）GIL 管道母线气室抽真空系统如图 3-90 所示。

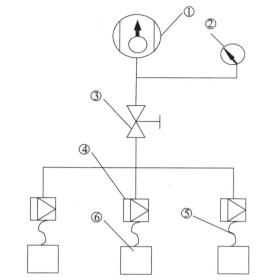

1—真空平台（泵）；2—真空表；3—阀门；4—自封接头；
5—高压软管；6—气室（容器）。

图 3-90　GIL 管道母线气室抽真空系统

抽真空的目的是清除系统中的空气和清除残留湿气及粉尘颗粒等杂质。众所周知，气室（容器）中的真空度越高，水蒸气的蒸发温度越低，在高真空的环境中，常温下就可以使水分蒸发。要保持六氟化硫气体的化学、物理性能不变，必须使六氟化硫气体中水分的含量在规定的数值之内。因此，需对 GIL 管道母线气室（容器）进行抽真空。

（2）抽真空设备：真空平台（泵）、高压软管、自封接头、真空测量仪、容器等。

（3）抽真空的速度与所用真空平台（泵）的排气速度有关，真空平台（泵）的排气速度越大，抽真空效率越高；被抽气室的容积越大，抽真空的时间越长。应选择尽可能大的真空平台（泵）来抽真空。

（4）高压软管和配件是抽真空处理的重要组成部分。高压软管长且直径小会大大增加抽真空的时间。建议使用较粗直径的高压软管。尽可能将真空平台（泵）靠近气室，以缩短高压软管长度。可采用多路管道同时对多个气室抽真空。管路上还应设置带阀门的真空表以便随时观测真空度。

（5）在开始抽真空处理之前应通电检查真空泵的旋转方向是否正确，

要对真空平台（泵）高压软管和配件进行抽真空检查是否漏气。如果不能很快抽至高真空度，说明有漏气，需先解决漏气问题才能对气室进行抽真空。

（6）真空管路上应设有逆止阀，防止停电后真空泵油被吸进气室内。如果真空平台（泵）未安装逆止阀，则存在气室被油污染的风险。抽真空期间必须设有专人值守，一旦发生意外，立即关闭阀门。

（7）真空平台（泵）油的质量对保证真空平台（泵）持续抽出高真空有很大影响。需按照真空平台（泵）制造商提供的使用说明定期检查、更换真空平台（泵）油。

（二）抽真空工艺流程

（1）将真空平台（泵）的高压软管连接到 GIL 管道母线气室。

（2）启动真空平台（泵）正常后，缓慢开启管道母线气室阀门。

（3）用阀门断开真空平台（泵）与气室，每间隔 2 h 测量记录一次气室真空度。

（4）将气室抽真空至 133 Pa 后，续抽 1 h 以上关机保持，并记录真空度 P_1 的值。

（5）真空保持时间：当气室容积≥3 000L 时，保持 12 h 以上；当气室容积≤3000 L 时，保持 4 h 以上。

（6）真空保持时间结束后，再测量真空度 P_2 的值，用 $P_2 - P_1$ 真空度的回升变化值低于 133 Pa，则认为真空度合格，再复抽 30 min，即可充注六氟化硫气体。

（7）如果真空度回升超过 133 Pa，可能是系统中仍有湿气，应再抽真空数小时，并再次进行真空回升测试。如果仍然不能通过真空回升测试，则可向气室内充注高纯氮气进行脱水，或查找并修复泄漏点。

如果气室对接过程中环境湿度较高，可适当延长抽真空的时间，以保证气室绝缘水平。

十三、六氟化硫气体充注

（一）六氟化硫气体充注应符合的要求

（1）除生产厂家有特别说明外，六氟化硫气体充注前应按产品技术文件要求对设备内部进行抽真空处理，真空度及保持时间应符合产品技术文件要求。

（2）六氟化硫气体的充注应设专人负责。

（3）必须使用六氟化硫减压阀。入口压力不得超过 0.7 MPa，否则充气阀门可能被损坏。

（4）充气作业必须选择晴好天气进行，周围环境相对湿度应≤70%。充注前，充气设备及管路应洁净、无水分、无油污；管路连接部分应无泄漏；充注前应用合格的六氟化硫气体冲洗高压软管 5 s 排除管路中的空气。

（5）如果使用气瓶充气，随着温度的下降，充气速度会减缓，可向气瓶提供热源，以提升气瓶温度。

（6）按照工艺规范进行操作，为了避免盆式绝缘子受力而产生质量缺陷，相邻气室压差不应大于 0.3 MPa 的规范要求，切实将管控措施应用到整个过程。

（7）充注六氟化硫气体至 0.2 MPa 后，进行气室水分含量检测，合格后再继续补充至额定压力。当充气设备已充有六氟化硫气体，且含水量检验合格时，可直接补气。

（8）当瓶内压力降至 9.8×10^4 Pa（1 个大气压）时，即停止引出气体，并关闭气瓶阀门，戴上瓶帽，防止气体泄漏。

（9）在室内，设备充装六氟化硫气体时，应开启通风系统，并避免六氟化硫气体泄漏到工作区域。工作区域空气中六氟化硫气体含量不得超过 1 000 μL/L。

（10）当作业涉及相邻气室作业时，相邻气室内气体现场应进行抽样做全分析及含水量检验，检验结果有一项不符合规范要求时，应以两倍量气瓶数重新抽样进行复验。复验结果即使有一项不符合，其气室内气体应另做处理。

（11）充气管路要保管在通风良好、防潮、无污染的地方，而且不可挪为他用。

（12）新六氟化硫气体应有出厂检验报告及合格证明文件。运到现场后，每瓶均应做含水量检验；现场应进行抽样做全分析，抽样比例应按规定执行。

（二）GIL 管道母线气室气体充注作业流程

（1）检查证实待处理 GIL 管道母线气室的进气阀门已关闭。

（2）把高压软管和减压阀连接到钢瓶上。

（3）打开六氟化硫气体钢瓶阀门，然后，转动减压阀手柄，冲洗高压软管 5 s 把管道里的空气排净。降低气压，带着正压将高压软管连接到进气阀门上。

（4）缓慢打开待处理 GIL 管道母线气室的进气阀门，调整气压对待处理 GIL 管道母线气室进行充气。

（5）获得准确压力后，关闭阀门，拆除气瓶、减压阀、高压软管，盖上自封阀盖，徒手拧紧即可。

十四、气室检漏

GIL 管道母线在车间内已经过六氟化硫检漏试验，只需对所有现场装配结合面进行检漏试验，包括法兰装配面、现场安装的自封接头、六氟化硫密度电器接头等。用塑料布包扎待检查部位，用胶带密封。静置 24 h 后即可开展检漏作业。

检漏的方法包括定性检漏和定量检漏两大类。定性检漏通常使用定性检漏仪，也可使用定量检漏仪；定量检漏只能使用定量检漏仪。

（一）GIL 管道母线气室定性检漏方法

1. 六氟化硫气体检漏仪

GIL 管道母线气室充气静置后，按照仪器使用说明书校验六氟化硫气体检漏仪检测报警值。

在塑料布上部刺一个小洞，将六氟化硫气体检漏仪探头伸入，将检漏仪探头沿着设备各连接位置表面缓慢移动，根据仪器读数或声光报警信号来判断接口的气体泄露情况。对气路管道的各连接处必须仔细检查，一般探头移动速度为 10 mm/s 左右，以防移动过快而错过泄漏点。

2. 气体红外检漏成像仪

便携式六氟化硫气体红外检漏成像仪不仅可以远距离准确地检测六氟化硫气体泄漏点，其高达 0.025 ℃ 的热灵敏度，可发现被检测设备微小的温度差别，并准确地读出温度，是集六氟化硫气体检漏和红外测温为一体的高性能红外成像仪。

统计数据表明，气体泄漏事故也符合"二八原则"，即 80%的泄漏量是由 20%的泄漏点所导致。六氟化硫气体红外检漏成像仪采用视频图像的检漏方式，用户可通过显示屏直观地观测到气体泄漏，能够准确定位泄漏位置，并且检测过程不会影响被测设备正常运行或作业。其远距离、非接触的检测方式，极大提升了泄漏检测的效率，从而显著降低重大事故的发生概率，是检测设备运行状态、保障安全生产、防止漏气污染的必备工具。

（二）气室定量检漏方法

通常六氟化硫设备在交接验收试验中的定量检漏，多使用包扎法和挂瓶法进行，其包扎方法如图 3-91 所示。

图 3-91　红外检漏成像仪检测气室漏气

包扎法是用塑料薄膜对设备的法兰接头、管道接口等处进行封闭包扎以收集泄漏气体，并测量或估算包扎空间的体积，在包扎后 24 h 内测量。

包扎时，一般用约 0.1 mm 厚的塑料薄膜按接头的几何形状包围一圈半，使接缝向上，尽可能构成圆形或方形（以便于估算体积），经整形后将边缘用粘胶带沿边缘粘贴密封。塑料薄膜与接头表面应保持 5 mm 左右间隙。包扎后，一般在 12～24 h 内测量为宜。如静置的时间短，包扎空间内累积的六氟化硫相对较少，检漏仪的灵敏度有限而可能造成较大误差。若时间过长，由于温差变化及塑料薄膜的吸附和渗透作用，会导致包扎空间内的六氟化硫气体浓度发生不希望的变化，影响测量的准确性。

用定量检漏仪测量包扎空间内的六氟化硫气体浓度，然后计算气室的绝对漏气率 F。

$$F = \frac{CVp}{\Delta t}$$

式中，F 为绝对漏气率（MPa·m³/s）；C 为包扎空间内六氟化硫气体的浓度（×10⁻⁶）；V 为包扎空间的体积（m³）；P 为大气压，一般为 0.1 MPa；Δt 为包扎时间（s）。

对于小型设备可采用扣罩法检漏，即采用一个封闭罩（如塑料薄膜罩）将设备完全罩上，以收集设备的泄漏气体并进行检测。对于法兰面有双道密封槽的设备，还可采用挂瓶法检漏。这种法兰面在双道密封圈之间有一个检测孔，气室充至额定压力后，去掉检测孔的螺栓，经 24 h，用软胶管连接检测孔和挂瓶，24 h 后取下挂瓶，用检漏仪测定挂瓶内六氟化硫气体的浓度，并计算漏气率。计算公式与上述包扎法的公式相同，只需将包扎空间的体积改成挂瓶的容积即可。

如果包扎位置显示有六氟化硫气体，则应仔细检查连接位置密封情况，以精确查找漏点。

用涂肥皂泡法可发现较大漏气点，但其灵敏度不足以发现较小漏气，GIL 管道母线中不应有可发现的漏气点。

十五、接地线复装

1. 镀锌扁（圆）钢、镀锡铜排等型材

检查型材镀层完整无受损等。首先，用铜丝刷刷净两个接地端子的氧化层，用百洁布擦光；然后，沾上无水酒精抹干净表面的油污、杂物。在铜排和接地端子的表面涂以一层薄薄的电力脂后；再用铜丝刷刷一次，用百洁布把原来涂上去的电力脂抹净，立即再涂上一层薄薄的电力脂，以防止接触面氧化；然后，用螺钉受力均匀、缝隙一致地紧固好；最后，用力矩扳手检查力矩。

2. 镀锡多股（片）软铜辫子

检查镀锡多股（片）软铜辫子镀层无受损后，用铜丝刷将镀锡多股（片）软铜辫子和 GIL 管道母线接触的部分刷干净，并用百洁布沾上无水酒精擦净，涂上一层薄薄的电力脂，接触面的处理工艺和上节一样。最后，用力矩扳手检查力矩。

3.接地检测

确认已完成所有接地连接，包括母线接地和支架接地连接；用直流电阻测试仪做导通试验，检查接地连接正常。

十六、过渡气室导体复装

GIL管道母线做完耐压试验合格后，即可复装GIS和GIL管道母线过渡气室导体，其方法如下：

（1）回收过渡气室六氟化硫气体。过渡气室与相邻的GIL管道母线气室通过高压软管连成一个气室，共用一套六氟化硫密度继电器，回收气体之前需确认阀门已经关闭。

（2）解体四通壳体下盖板、压缩补偿单元和金属波纹管，如图3-92所示。

图3-92　解体四通壳体下盖板

（3）分别向两侧触头插入导电杆，如图3-93所示。

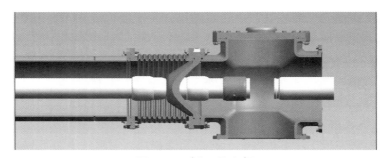

图3-93　插入导电杆

（4）将过渡导体安装连接在两侧导体上，如图3-94所示。

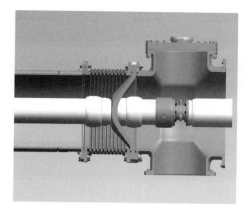

图 3-94　与过渡导体连接

（5）将屏蔽罩套在连接导体上，用螺栓固定；恢复压缩补偿单元和金属波纹管，如图 3-95 所示。

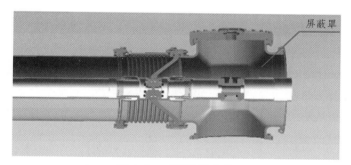

图 3-95　屏蔽罩安装

（6）复装过渡气室四通下盖板，连接六氟化硫气体处理装置，对该气室抽真空，充注六氟化硫气体到额定气压。进行湿度、组分检测及包扎检漏。

十七、充注密封脂

早期的产品将法兰盘设计成双槽密封，外圈 O 形密封圈的主要功能为：

（1）便于挂瓶取样，开展检漏监测；

（2）防止灰尘、空气进入法兰盘密封面，延缓密封面、密封圈氧化，即延长密封圈的使用寿命、保证密封性能等。

所以，GIL 管道母线安装检修完毕完成电气试验，且 GIL 管道母线六氟化硫气体检漏合格后，要在 GIL 管道母线连接法兰盘缝隙圆周上完整、均匀地涂抹防水胶。

近年，GIL 管道母线在每个法兰盘外侧专门设计了密封脂充注孔，在法兰盘密封槽外侧也设计了浅 "V" 形注脂密封槽，如图 3-96 所示。

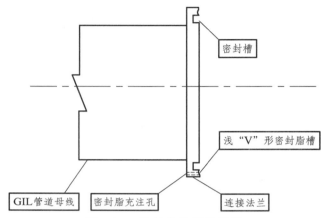

图 3-96　法兰盘注脂示意图

GIL 管道母线安装检修完毕完成电气试验，且 GIL 管道母线六氟化硫气体检漏合格后，将高压注脂机枪口连接在法兰盘某一侧的充注孔上，启动注脂机，一直到从另一个法兰盘上的密封脂充注孔内均匀淌出密封脂即可，如图 3-97 所示。

图 3-97　GIL 管道母线密封面注胶场景

十八、收尾检查

收尾工作主要包括：

（1）局部放电等在线监测装置安装正确，且能正常正确上传数据。

（2）检查六氟化硫密度继电器安装正确，无遗漏，所显示压力及范围正常。

（3）GIL 管道母线绝缘子位置标示。为了便于实时监测 GIL 管道母线绝缘子局部放电量等，必须将三支柱绝缘子位置清晰标示，而且，固定三支柱绝缘子和滑动三支柱绝缘子也要加以区别，位置标识应牢固可靠，经久耐用，不褪色、不粉化。

（4）GIL 管道母线在检修（修复）的过程中，氩弧焊焊接固定板及内筒壁修复时，高温会将筒壁外表面灼伤，所以，投运前需对 GIL 管道母线外筒壁涂刷防腐涂料。

（5）GIL 管道母线耐压试验、六氟化硫气体试验、检漏等全部试验合格后，即可恢复一次设备连线。恢复前，用手触摸接触面，如果表面会刮手，可用百洁布轻微打磨；再用无毛纸蘸无水酒精认真清洗接触面；然后，在接触面上涂抹薄薄的一层导电膏；最后，紧固螺栓到标准力矩值，并做标记。

（6）定期开展超声波局部放电带电测试，根据结果判断三支柱绝缘子运行工况和状态，防止设备故障的发生。

第四章　GIL 管道母线试验与监测

GIL 管道母线试验参照 GIS 全封闭高压组合电器的部分试验项目和要求，主要包括绝缘电阻、回路电阻、耐压试验及六氟化硫气体试验等。

第一节　管道母线回路电阻测量

GIL 管道母线各段对接完成后就要进行测量，整体安装结束后也要进行主回路电阻测试。通过回路电阻测量，可以检查导电回路的连接情况。

主回路电阻测量通常采用伏安法。使用的测试线阻值必须足够小，以确保总体回路电阻保持在毫欧级范围之内。为此，需选用截面 100 mm^2 以上的多股软铜绞线作为测试线。

进行回路电阻测量时，可利用非被测试相作为测试连接线进行测试。测试前，需拆除或暂时不装管道母线外壳上的短接排，将母线一端的导体与外壳短接（也可以通过 GIS 站一侧的接地开关，高压出线套管和母线外壳之间的短接线或连接在高压出线套管和变压器之间的短接线来实现）。在母线另一侧将毫欧计连接在导体与外壳之间，通以 100 A 直流电，用数字电压表进行测量。测量判定标准根据具体项目设计文件确定，如图 4-1 所示。

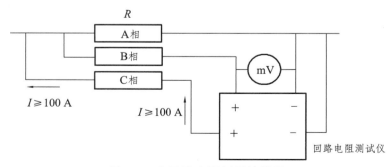

图 4-1　主回路电阻测量接线图

以进行 A 相回路电阻测试为例,可将 B 相导体作为正极或负极的电压线,C 相导体作为正极或负极的电流线,在 B、C 相测试端与测试设备正极或负极的电压线、电流线接线端子连接,在 B、C 相导体的另一端使用测试线与 A 相对应连接,在 A 相导体测试端与测试设备正极或负极的电压线、电流线接线端子连接即可,测试出 A 相导体的回路电阻;B、C 相测试时相应调整即可。

在测量 GIL 管道母线主回路电阻时,不能直接在两个接地开关之间加压。如果直接在两个接地开关之间加压,测得的电阻值应该是主回路电阻和接地开关的电阻之和,而不是实际的主回路电阻。这一点在现场是很容易被忽略的。当测量结果与出厂试验值相差不大时,人们就不会引起注意。只有在测量值与出厂试验值相差较大时,才会进行分析,才能发现试验方法的问题。因此测量时应高度重视。若测量数据与出厂数据差别较大或三相数据差别较大,应对测量数据进行复测,以找到缺陷部位(件)。

GIL 管道母线长度达百米以上,在测试中,随着 GIL 管道母线安装长度的增加,若增加测试线长度,至少需要几十米甚至百米以上,试验电流要升至 100 A,所使用测试线的截面积也要相应增大,这样就需要使用既长又粗的测试线,造成测试线展放和收线过程易缠绕、测试过程中交叉作业严重、测试过程时间长、增加人力等问题,给测试带来极大不便,增大测试难度;同时,在通电时测试线中通过较大电流时,较长的测试线增加了导线的损耗,使测试电流较难达到额定数值,电流值的大小将直接影响仪器正常工作时的载流能力,在一定程度上增大了测试电阻的误差。

测试线应直接连接到导体和外壳上,测量结果需减去导体与外壳短接部分的电阻值。

对照规范及产品出厂试验值判定 GIL 管道母线回路电阻测试结果,应符合产品设计要求,并不得超过出厂试验值的 120%;如三相测量值存在明显差异,须查明原因。

第二节　六氟化硫气体的检测

六氟化硫气体杂质的危害主要表现在它的分解产物的毒性和腐蚀性。杂质及分解产物中酸性物质特别是 HF、SO_2 等可引起设备材质的腐蚀;当体系中存在水分、空气（氧）、电极材料、设备材料等，则会导致分解过程的复杂化，致使分解产物的数量和种类明显增加，其危害也显著加大，甚至造成严重设备事故；固体分解产物降低沿面闪络电压；而六氟化硫中存在的诸如 SF_4、SOF_2、SF_2、SO_2F_2、HF 等均为毒性和腐蚀性极强的化合物，对人体危害极大，并有可能引起恶性人身事故。

一、六氟化硫气体的检测指标要求

（1）GIL 管道母线气室充气结束静置 24 h 后的气体检测项目及控制指标按表 4-1 执行。

表 4-1　投运前、交接时六氟化硫气体检测项目及控制指标

检测项目	周期	单位	控制指标
气体泄漏	投运前	%/年	≤0.5
湿度（20 ℃）	投运前	μL/L	灭弧室≤150 非灭弧室≤250
六氟化硫	必要时	（质量分数）/10^{-2}	≥99.8
空气		（质量分数）/10^{-6}	≥99.9
四氟化碳		（质量分数）/10^{-6}	≤300
分解产物（SO_2、H_2S、CO）		（质量分数）/10^{-6}	≤100
酸度（以 HF 计）		（质量分数）/10^{-6}	≤0.2
可水解氟化物（以 HF 计）		（质量分数）/10^{-6}	≤1
矿物油		（质量分数）/10^{-6}	≤4
六氟乙烷		（质量分数）/10^{-6}	≤200
八氟丙烷		（质量分数）/10^{-6}	≤50

（2）大修后及运行中六氟化硫气体的试验项目、周期和要求见表 4-2。试验周期如与设备试验周期不一致时，应按设备试验周期进行。

表 4-2　六氟化硫气体的试验项目、周期和要求

序号	项目	周期	要求	说明
1	湿度（20 ℃体积分数）/（μL/L）	1）新装及大修后 1 年内复测 1 次，以后 3 年 1 次； 2）大修后； 3）必要时	1）断路器灭弧室气室大修后不大于 150，运行中不大于 300； 2）其他气室大修后不大于 250，运行中不大于 500； 3）六氟化硫变压器大修后不大于 250，运行中不大于 500	1）按 GB 12022—2014《工业六氟化硫》、DL/T 915—2005《六氟化硫气体湿度测定法（电解法）》和 DL/T 506—2018《六氟化硫电气设备中绝缘气体湿度测量方法》进行； 2）必要时，如： ——新装及大修后 1 年内复测湿度不符合要求； ——漏气超过 SF_6 气体泄漏试验的要求； ——设备异常时
2	密度（标准状态下）/（kg/m³）	必要时	6.16	按 DL/T 917—2005《六氟化硫气体密度测定法》进行
3	毒性		无毒	按 DL/T 921—2005《六氟化硫气体毒性生物试验方法》进行
4	酸度/（μg/g）		≤0.3	按 DL/T 916—2005《六氟化硫气体酸度测定法》或用检测管测量
5	四氟化碳（质量百分数）/%		1）大修后 ≤0.05 2）运行中 ≤0.1	按 DL/T 920—2019《六氟化硫气体中空气、四氟化碳的气相色谱测定法》进行
6	空气（质量百分数）/%		1）大修后 ≤0.05 2）运行中 ≤0.2	按 DL/T 920—2019《六氟化硫气体中空气、四氟化碳的气相色谱测定法》进行
7	可水解氟化物/μg/g		≤1.0	按 DL/T 918—2005《六氟化硫气体中可溶解氟化物含量测定法》进行

序号	项 目	周期	要 求	说 明
8	矿物油/(μg/g)	必要时	≤10	按 DL/T 919—2005《六氟化硫气体中矿物油含量测定法（红外光谱分析法）》进行
9	纯度/%		≥99.8	按 DL/T 920—2019《六氟化硫气体中空气、四氟化碳的气相色谱测定法》进行
10	现场分解产物测试/(μL/L)	1）投产后 1 年 1 次，如无异常，3 年 1 次 2）大修后 3）必要时	参考指标如下，超过参考值需引起注意： $SO_2 ≤ 3$ $H_2S ≤ 2$ $CO ≤ 100$	1）建议结合现场湿度测试进行，参考 GB/T 8905—2012《六氟化硫电气设备中气体管理和检验导则》； 2）必要时，如： 设备运行有异响，异常跳闸，开断短路电流异常时
11	实验室分解产物测试	必要时	检测组分：CF_4、SO_2、SOF_2、SO_2F_2、SF_4、S_2OF_{10}、HF	必要时，如： 现场分解产物测试超参考值或有增长，结合现场分解产物测试结果进行综合判断

二、六氟化硫气体湿度检测

六氟化硫气体中的湿度是气体质量的主要检测指标之一，气体的湿度含量直接影响设备的绝缘水平和电弧分解的数量。

（一）水分的来源、危害及控制措施

（1）对 GIL 管道母线来说，水分超标的主要来源有：

① 吸附剂本身带有水分；

② 气瓶里残留的六氟化硫气体湿度超标；

③ 充气前，六氟化硫气体净化时水分不达标；

④ GIL 管道母线中的绝缘件带有的水分，在运行过程中，缓慢释放出来；

⑤ GIL 管道母线在运输、安装、检修过程中外界的水分侵入；

⑥ 水蒸气分子直径小于六氟化硫气体分子直径，在运行中，水分仍然可以通过 GIL 管道母线密封不是很严的部位进去。

（2）水分对 GIL 管道母线的危害：

水分与六氟化硫发生水解反应会生成氢氟酸、亚硫酸，给设备带来严重腐蚀。可加剧低氟化物的水解，生成有毒物质；水分可使金属氟化物水解，水解产物能腐蚀固体零件表面，有的甚至为剧毒物；水分在设备内结露，附着在如电极、绝缘子等零件表面，很容易产生沿面放电（闪络）而引起事故。

（3）控制 GIL 管道母线中的水分含量的方法：

① 改善 GIL 管道母线密封质量，完善安装工艺；

② 在 GIL 管道母线中放置适当的吸附剂；

③ 控制充入 GIL 管道母线中的六氟化硫气体的水分含量；

④ 尽量缩短开盖作业时间，严格控制现场作业场所的温湿度；

⑤ 改善设备安装检修环境，在密闭的检修间内充入微正压的干燥空气，减少作业环境中侵入水分的机会；

⑥ 运输前需充入合格干燥氮气到 0.01 ~ 0.03 MPa，贮存期间常检查设备内处于微正压，防止湿气侵入其中。

（二）气体湿度测量方法

适合于六氟化硫电气设备气体湿度测量方法有露点法、阻容法、电解法、重量法等。六氟化硫电气设备中气体湿度测量，应满足《电力设备预防性试验规程》（DL/T 596—2005）中的规定：灭弧室气室在新装及大修后不大于 150μL/L，远行中不大于 300μL/L；其他气室在新装及大修后不大于 250μL/L，运行中不大于 500μL/L。

六氟化硫气体湿度主要有露点法、阻容法、电解法和重量法。

1. 露点法

冷凝式露点仪的测量露点范围在环境温度 20 °C 时应满足 0 ~ − 60 °C，其测量误差应不超过 0.6 °C。测量原理：根据露点温度的定义，用等压冷却的方法使气体中水蒸气冷却至凝聚相出现，或通过控制冷面的温度，使气体中的水蒸气与水（或冰）的平展表面呈热力学相平衡状态。准确测量此时的温度，即为该气体的露点温度。测量气体露点温度的仪器，叫作冷镜露点仪（简称露点仪），露点仪的主要检测部件是冷凝镜。如果使用频繁，或待测气体不够纯净，还需要缩短校正周期。

2. 阻容法

电阻电容式湿度计测量露点范围应满足 0 ~ − 60 °C，其测量误差应不超过 ± 2.0 °C。测量原理：根据水蒸气与氧化铝的电容量变化关系而设计；氧化铝传感器由铝基体、氧化铝和金膜组成。将铝丝或铝片放在酸性水溶液中，通过交流电氧化即成具有与湿度相关的氧化铝薄膜，湿度与氧化铝的阻容量呈相关变化。

注意事项：

（1）湿敏元件表面污损和变形会使探头的性能降低，因此不能触摸该元件，并避免受污染、腐蚀或凝露。

（2）待测气体中含有粉尘时，应在管路中安装过滤器。

（3）不能用来测量对铝或铝的氧化物有腐蚀的气体。

（4）仪器应经常校准，当仪器无温度补偿时，校准温度应尽量接近使用温度。

（5）不要在相对湿度接近 100% 的气体中长时间使用这类仪器。

3. 电解法

电解式湿度计测量范围应满足 1 ~ 100 μL/L。其引用误差为：1 ~ 30 μL/L 范围内应不超过 ± 10%；30 ~ 1 000 μL/L 范围内应不超过 ± 5%。测量原理：采用库仑电解原理来测量气体中的微量水分，通过被测气体流经一个特殊结构的电解池，被测气体中所含的水分被池内作为吸湿剂 P_2O_5 膜层吸收，并全部被电解，当吸收和电解过程达到平衡时，电解电流正比于气体中的水分含量。

4. 重量法

测量原理：应用高氯酸镁吸收气体中的水分，在通过一定量的六氟化硫气体后，称量恒重后的高氯酸镁增量。计算六氟化硫气体的湿度重量比。重量法只适合于湿度仲裁。

（三）湿度测量过程的注意事项

1. 测量设备

由于不同的仪器测量同一台设备可以得到不同的数据，有时差别较大，这可能除了与仪器本身的性能有关外，与所用的气体管路和操作等因素也有关，所以，必须用同一台仪器测量，以保证数据的可比性，有利于水分变化的趋势分析。

2. 环境温度

气体中的水分含量与气温有关，一年之中水分随气温的升高而增加，温度对气体湿度的含量影响原因，可归纳在六氟化硫气室中，固体及气体中的水分总量是不变的，固体绝缘材料及外壳随温度变化散发水分的大小影响气体的湿度变化。当温度升高时，气体中的水分所获得的动能与六氟化硫气体因温度升高而获得的动能增量不同。

3. 环境湿度

根据现场经验，环境湿度是影响微水的重要因素，较大的环境温度会使气管壁附着较多水分，测试时会使含水量下降过慢或导致测量结果偏大。无论湿度大小，测量前应用 GIL 管道母线室内气体冲洗管道数秒，有利于得出正确结果。

三、气体杂质组分的分析鉴定

1. 六氟化硫气体中痕量（物质中含量在百万分之一以下）杂质组分的来源

（1）在六氟化硫气体合成制备过程中残存的杂质组分。

（2）在六氟化硫充装、运输过程中混入的杂质，如空气、水分、机械油脂等。

（3）六氟化硫在应用时受到大电流、高电压、高温等外界因素的作用而产生的分解物质。

2. 杂质成分按其组成的不同分类

（1）氟和硫的多种化合物，如 SF_2、S_2F_2、SF_4、S_2F_{10} 等。

（2）有氢、氧、碳等元素参加的硫、氟化合物，例如 SOF_2、SO_2F_2、SOF_4、$S_2F_{10}O$、HF、SO_2、CO_S、CS_2 以及多种全氟烃类（CF_4、C_2F_6）等。

（3）其他组分，如 O_2、N_2、H_2O 及油分等。

3. 六氟化硫气体杂质组分和电弧分解物的分析方法

（1）空气（氧、氮）四氟化碳（CF_4）的测定：

目前主要采用气相色谱法，可使用分子筛（O_2、N_2、CF_4）或 Parapak-Q（空气、CF_4）作固定相，用热导检定器。热导校正系数值 CF_4 为 0.7，空气为 0.4。

（2）矿物油的测定：

用红外分光光度计（或专用仪）进行测定，其基本原理是将一定量欲测的六氟化硫气体通过四氯化碳，六氟化硫气体中的矿物油即被此溶剂吸收。而后再用红外分光光度计测定。最后利用标准吸入曲线定量求出六氟化硫气体中的矿物油含量。

（3）酸度的测定：

酸度是新气质量鉴定的重要指标之一。因为 HF 等酸性物质的存在将对设备材料造成腐蚀，影响电气设备性能和危害工人健康。IEC（国际电工委员会）规定新气中酸度最高允许含量为 0.3×10^{-6}（以 HF 表示）。酸度测定采用标准碱定量吸收六氟化硫气体样品中的酸，然后再用标准酸来反滴定过量碱的酸中和滴定法。

（4）可水解氟化物的测定：

这是一个在概念上不十分准确的提法，是指可以在水或碱液中水解的六氟化硫中的含氟化合物。它是控制气体中有害物质的一个重要指标，IEC 规定其最高允许含量为 1×10^{-6}，测定方法为比色分光光度分析和氟离子选择电极两种。

四、六氟化硫气体分解物的检测

六氟化硫气体在放电和过热作用下存在分解现象，通过检测六氟化硫气体分解产物的含量诊断设备内部是否存在故障。应用化学分析技术开发检测六氟化硫电气设备故障的快速检测方法，主要包括色谱法、化学中和法、电化学检测、离子分析、化学显色管、色谱-质谱法。在监督中应用最多的是电化学检测、色谱法、色谱-质谱法。

（一）现场检测

目前现场分解物检测仪都是电化学检测方法，主要检测 SO_2、H_2S、CO，根据检测结果对设备运行状态作初步判断。

（二）试验室检测

试验室所用仪器对分解物的检测方法较多，以色谱法、色谱-质谱法较常用，可以检测的分解物成分更多、更准确，如 CF_4、SO_2、SO_2F_{10}、SOF_2、H_2S、SO_2F_2、HF 等，对设备内部是否存在故障作出准确判断。

（三）各类故障的分解物特征

1. 电弧放电

分解为 SF_4、SF_2、S、F 等低氟化合物和硫、氟原子。若气体中含有水分，则马上与水蒸气形成水解物，检测结果 SOF_2 是主要分解物。

2. 火花放电

在火花放电中，SOF_2 也是主要分解产物，但 SO_2F_2 的数量有所增加。整个分解产物的量比电弧放电少得多，$SOF_2/SO_2F_2 > 1$ 时，还会有少量 S_2F_{10}、$S_2F_{10}O$ 成分。

3. 电晕放电

形成 SF_4、SF_3 等低氟化合物，最终会与水分和空气生成 SOF_2、SO_2F_2，SOF_2/SO_2F_2 值会大于火花放电的值。

4. 热分解

生成 SOF_2、SO_2F_2、SO_2 等产物。

目前，还没有一个技术指导规范或标准作为判断六氟化硫电气设备故障的依据和分析方法。六氟化硫故障气体分析和判断还处在探索研究阶段，需要不断完善技术分析方法，收集数据，积累经验，交流探讨。但对分析六氟化硫气体分解产物还是取得了一些成果，通过分析六氟化硫气体分解产物中比较有代表性的特征气体，能够分析和判断六氟化硫电气设备内部是否存在故障及故障性质。

第三节　六氟化硫密度继电器校验

在 GIL 管道母线气室中的气体压力随温度的变化而变化，通常把 20 ℃时的六氟化硫的相对压力值作为标准值。在现场校验时，应将环境温度下测量的六氟化硫压力值换算到其对应 20 ℃ 时的等效压力值，从而判断密度继电器的性能。

密度继电器报警值、闭锁值出厂前已经调校好，现场无需任何调整，仅作核对。

1. 闭锁回复值

在环境温度下，当六氟化硫密度继电器为零压力时，给六氟化硫密度继电器一定的速度缓慢充气，当六氟化硫密度继电器的闭锁继电器动作时，记录当前的环境温度下的压力值，并换算成 20 ℃ 时的等效压力值，这个 20 ℃时的等效压力值就是六氟化硫密度继电器的闭锁回复值。

2. 报警回复值

继续给六氟化硫密度继电器以一定的速度缓慢充气，当密度继电器的报警继电器动作时，记录当前的环境温度下的压力值，并换算成 20 °C 时的等效压力值，这个 20 °C 时的等效压力值就是六氟化硫密度继电器的报警回复值。

3. 报警值

在环境温度下，当六氟化硫密度继电器内压力大于报警回复值时，以一定的速度缓慢放气，当六氟化硫密度继电器的报警继电器动作时，记录当前环境温度下的压力值，并换算成 20 °C 时的等效压力值，这个 20 °C 时的等效压力值就是六氟化硫密度继电器的报警值。

4. 闭锁值

给六氟化硫密度继电器缓慢地减小负荷（负荷变化速度每秒不应大于量程的 1%）至信号接通为止，当六氟化硫密度继电器的闭锁继电器动作时，记录当前的环境温度下的压力值，并换算成 20 °C 时的等效压力值，这个 20 °C 时的等效压力值就是六氟化硫密度继电器的闭锁值。

六氟化硫密度继电器接线和绝缘检测可采用万用表、1 000 V 摇表，检查每个气体密度继电器是否都已正确接线。断开气体密度继电器与其他设备连接线，用摇表测量所有接点接线与设备外壳及不同接点之间的绝缘电阻。

第四节　GIL 管道母线耐压试验

GIL 管道母线交流耐压试验时，现场一般采用变频试验装置、串并联谐振方式进行交流耐压试验。通过调整变频电源装置输出电源频率使试验回路的串并联电感和电容产生谐振，使流经串联电抗器的电流在该电抗器两端产生的电压降达到试验电压，并在串联电抗器和被试品高压端并接电容分压器测量该试验电压值，以此方法来进行 GIL 管道母线现场交流耐压试验。现场的具体实施方案应与制造厂和用户商议。

GIL 管道母线交流耐压试验前，应用 2 500 V 或 5 000 V 兆欧表测量其绝缘电阻。绝缘电阻值应大于 10 000 MΩ，下面以 220 kV GIL 管道母线为例，阐述耐压试验过程。

一、试验接线

现场交流耐压试验原理接线图如图 4-2 所示。

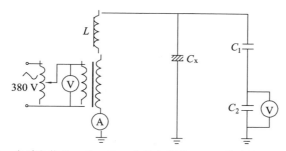

L—串联电抗器；C_1、C_2—分压电容器；C_x—被试品 GIL。

图 4-2　现场交流耐压试验原理接线图

1. 试验数据估算

GIL 管道母线较长，是个大电容，加压时一次电流大，若不经过提前测量 GIL 管道母线试品电容值，加压时有跳闸或烧毁励磁变、变频柜的设备安全风险，所以试验前必须根据生产厂家出具的出厂数据，结合现场 GIL 管道母线测量的电容值进行试验频率及试验电流的估算。试验频率一般在 30～300Hz 范围内。

（1）现场交流耐压试验电压值计算：

$$U_s=460 \times 100\%=460（kV）$$

串联电抗器电感　$L=150 \times 2=300（H）$
分压器电容量　$C_1=2\,000（pF）$
被试品电容量　$C_x=25\,000（pF）$
中间励磁变压器变比　$K=37\,000/400$

则：

试验频率　$f=1/(2\pi\sqrt{LC})=55.9（Hz）$
试验一次电流　$l_1=U_s\omega C=4.3（A）$
试验输入电流　$l_2=kl_1 \approx 405（A）$
试验电源容量　$S=\sqrt{3}Ul_2 \approx 280（kV \cdot A）$

（2）把计算得到的试验频率 f、电容值 C、施加的电压 U 代入公式

$$I=2\pi fCU$$

得到试验电流值。

（3）通过估算的试验频率值及试验电流值，调整变频电源装置输出电源频率使试验回路的串并联电感和电容产生谐振，使流经串并联电抗器的电流均小于电抗器的最大试验电流，并有很大裕度，试验设备能够保证长时间试验的要求。

2. 加压步骤及程序

GIL 管道母线现场交流耐压试验的第一阶段是"老练净化"，其目的是清除 GIL 管道母线内部可能存在的导电微粒或非导电微粒。这些微粒可能是由于安装时带入未清理干净，或是多次操作后产生的金属碎屑，或是紧固件的切削碎屑和电极表面的毛刺而形成的。"老练净化"可使可能存在的导电微粒移动到低电场区或微粒陷阱中和烧蚀电极表面的毛刺，使其不再对绝缘起到危害作用。"老练净化"电压值应低于耐压值，时间可取 15 min。

第二阶段是耐压试验，即在"老练净化"过程结束后进行耐压试验，时间为 1 min。

具体操作程序如下：

（1）施加电压与时间的关系如图 4-3 所示；

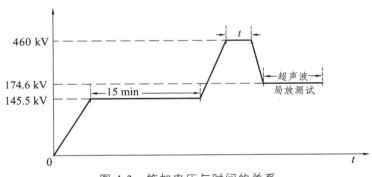

图 4-3　施加电压与时间的关系

（2）将施加电压升至单相最高运行电压（$252/\sqrt{3}$ kV=145.5 kV），加压持续 15 min 进行"老练试验"；

（3）将施加电压升至试验电压（460 kV），施加电压持续 1 min 进行交流耐压试验；

（4）1 min 交流耐压试验结束后，将施加电压降至 174.6 kV 进行超声波局部放电检测；

（5）超声波局部放电检测试验完成后将施加电压下降至零，断开高压出控输制开关，断开电源，试验结束。

二、GIL 管道母线超声波局部放电试验

串并联谐振交流耐压设备现场组装，如图 4-4 所示。

图 4-4　交流耐压设备

GIL 管道母线现场装配完毕后，依据规程规定进行耐压和超声波局部放电试验，以确定现场安装后设备的绝缘可靠性。

GIL 管道母线主要是一种电容性负载。除电晕损耗外，已装配母线系统的阻抗可以忽略不计。

1. 超声波局部放电测试点的选择

GIL 管道母线一般直线单元有 12 m、9 m、6 m 等多种规格，其中 12 m 标准单元较为常见，每一个标准单元中均有两个三支柱绝缘子（见图 4-5），其中一个为滑动三支柱绝缘子，另一个为固定三支柱绝缘子。滑动的三支柱绝缘子位于标准单元的中部，其下面有两个尼龙滚轮作为支撑，并可在安装和拆卸内导体时在筒内壁滑动，固定三支柱绝缘子位于标准单元端部，通过焊板焊接在标准单元筒的内壁上。

GIL 管道母线每个直线单元之间通过金属法兰面连接，并用螺丝固定，因而 GIL 管道母线结构较为简单，通常只会在三支柱绝缘子位置出现缺陷，因此，选择超声波局部放电测试点时只需选择三支柱绝缘子附近的点，对每个标准单元的三支柱绝缘子位置附近进行超声波局部放电测试就能对该 GIL 管道母线进行评估。

图 4-5 三支柱绝缘子

2．试验程序

（1）连接耐压试验设备至 GIL 管道母线。

（2）按本设备耐压试验方案施加电压。

（3）如果在测试中未发现内部放电，则表明通过耐压试验；如果存在内部放电，可以重复测试。若放电电压逐渐下降，则需查找放电部位，解体现场修理、排除故障。若重复测试没有放电现象，说明放电微粒可能已燃烧掉，或被微粒捕捉器捕获，此种情况并不会对 GIL 造成任何永久性的损害，无须再解体检查排除。

（4）试验电压下的交流耐压试验完成合格后将施加电压下降至 1.2 倍单相最高运行电压（ $1.2 \times 252 / \sqrt{3}$ kV=174.6 kV），进行超声波局部放电检测试验。

3．超声波局部放电测量

（1）用超声波探头获得由局部放电引起的超声波信号，并用数字式局部放电仪或波形记录仪记录波形做定位测试。声测法原理如图 4-6 所示。

图 4-6　声测法原理

（2）将声探头的信号同时记录下，并在屏幕上显示测量到的波形，对局部放电做定位测量很有利。当与电测法联合测量时，有助于判断所测到的信号是否为内部放电。

（3）将仪器放到最小量程进行背景噪声的测量，背景噪声应满足测试环境要求。

（4）背景噪声有效值和周期峰值小而稳定。信号仅是来自环境仪器噪声和放大器噪声等产生的背景噪声。测试前将传感器、放大器等连接好，并将传感器悬浮于空中，测量背景噪声值并记录。

（5）在传感器与测点部位间应均匀涂抹专用耦合剂，尽可能减小检测信号的衰减。测量时传感器应与 GIL 管道母线壳体保持相对静止，在诊断性测量时采用绑定固定传感器的方式进行。

（6）测试时间为 1 min，如有异常再进行多次测量。并对多组测量数据进行幅值对比和趋势分析。

（7）对于异常数据应及时存储，并进行分析。为避免 GIL 管道母线壳体环流引起的干扰，精确测量时，应使用独立的接地线对测量仪器的传感器外壳，与所在区域附近的 GIL 管道母线构件接地点可靠连接。

4．试验结果判断

（1）超声波局部放电试验测试中可以根据具体的信号制定相应的维护策略。对于毛刺放电，若信号的峰值 $V_p>2$ mV 即可密切监视或停电处理。对于悬浮屏蔽，除了信号幅值外，还应关注信号 100 Hz 含量（V_{f2}）与 50 Hz 含量（V_{f1}）的比值，引起密切关注的判据为：$V_{f2}/V_{f1}>>1$ 且 $V_p>20$ mV 或 $1<V_{f2}/V_{f1}<2$ 且 $V_p>100$ mV。对于自由颗粒，可通过脉冲模式进行危险性评估。

（2）耐压试验前后都必须用 2 500 V 或 5 000 V 兆欧表，进行 GIL 管道母线绝缘电阻检测，绝缘电阻值不应小于 10 000 MΩ。

（3）交流耐压试验过程中 GIL 管道母线不发生闪络、击穿等现象即认为 GIL 管道母线交流耐压试验合格。

5．试验过程中的注意事项

（1）耐压试验应在六氟化硫气体水分试验结束并合格后进行，耐压试验前还必须检查所有气室管道的阀门，对于运行时必须处于开启的阀门必须打开，以保证所有气室中均充有额定气压。

（2）耐压试验前检查所有接地开关位置，处于耐压试验部位的接地开关均应处于分闸位置，与试验部分相邻但不连接的其他部分的接地开关应处于合闸接地位置。

（3）试验设备放置位置周围的金属物体应短路可靠接地，引出套管上的引线应拆除并拉开，保持足够安全距离，并接地，防止周围物体产生悬浮放电影响试验判断。

（4）GIL 管道母线气压应符合产品技术条件要求，与厂家一起检查后签字确认。

三、使用设备及机具

工器具及仪器仪表配置见表 4-3。

表 4-3　工器具及仪器仪表配置

序号	名　　称	规格型号	备　　注
1	高空作业车	20 m	试验接线
2	吊车	25t	试验设备吊装
3	高压电子兆欧表	ZP-5053	绝缘电阻测量
4	变频电源装置	HVFP-450 kW	交流耐压试验
5	励磁变压器	Yb-360/15/30/60	交流耐压试验
6	电抗器	300 kV/150H/6 A	交流耐压试验
7	电容分压器	300 kV/4 000pc	交流耐压试验
8	数字智能露点仪	DP99	六氟化硫气体微水测量
9	六氟化硫气体检漏仪	XP-1 A	六氟化硫气体检漏
10	工具箱		内装扳手、螺丝刀、钳子等常用工具
11	线箱		包括无晕导线、花线、裸铜接地线、电缆、绝缘胶带等
12	绝缘杆		绝缘杆应能耐受相应试验电压
13	电源线卷		包括电源电缆和空气开关、插座、剩余电流动作保护器等。电源线截面积应满足试验要求
14	绝缘梯		

四、安全风险辨识与预控措施

安全风险辨识与预控措施见表 4-4。

表 4-4　安全风险辨识与预控措施

序号	风险名称	风险等级	风险控制措施
1	与带电设备安全距离不够	低风险	工作人员应熟悉现场环境，在组装设备时应有专人指挥、监护，确保与带电设备保持足够的安全距离
2	感应电	低风险	在工作现场，全部设备外壳与主接地网可靠连接
3	登高作业安全防护措施不完善	低风险	工作前，工作人员应明确工作位置，并确定安全的登高路线。登高作业必须佩戴安全带，安全带必须钩挂在上方牢固之处。使用梯子前检查梯子是否完好，必须有人扶梯，扶梯人注意力应集中，对登梯人起监护作用
4	高空跌落工具	低风险	高处作业时，应正确佩戴、使用工具，防止工具跌落，同时做好监护，接线区域下方禁止站人
5	误入高压试验区域	低风险	试验工作前，工作负责人必须确定工作范围，设置安全围栏，不准有缺口；在安全围栏周围派人监护，防止无关人员进入
6	试验电源容量太小	低风险	工作前必须向施工单位或变电站了解清楚临时施工电源或检修电源容量情况，不能只看电源开关的容量，应确保试验电源容量满足要求
7	测量仪器未校准，试验电压过高	低风险	使用的电压测量装置应经过校准，并有校准报告，确保测量无误
8	残余电荷	低风险	降压后应及时挂设接地线，待充分放电后方可操作
9	工具遗留在现场	低风险	工作人员在试验工作结束后应进行认真检查，确认现场无遗留工具和杂物
10	高空作业车使用不规范	低风险	高空作业车驾驶员应注意车上工作人员的位置与状态，不应在其工作时移动车辆
11	试验设备组装及拆卸	低风险	作业人员应持证上岗，设置专责指挥人员，在设备落地时作业人员扶持好设备

五、文明施工与环境保护措施

（1）变电站内禁止吸烟，不践踏草坪。

（2）现场物品要摆放整齐，严禁乱堆乱放。

（3）施工作业时严禁嬉戏打闹，听从工作负责人及安全监察人员安排。

（4）废弃物品不得乱丢，加以清扫，倒入定点垃圾箱内。

（5）作业中产生的垃圾，如是塑料带等可吹动之物，要及时收好或压紧

163

固定，以免风吹误碰电气设备。工作结束后，使用的施工工器具、材料要收拾搬离现场，做到工完料尽场地清，经工作负责人检查后方可离开。

六、试验依据和标准

质量检验按《10 kV～500 kV 输变电及配电工程质量验收与评定标准 第4 册：变电电气试验工程》、《电力设备交接验收规程》（Q/CSG 1205019—2018）、《高电压试验技术》（GB/T16927—2013）、《电气装置安装工程电气设备交接试验标准》（GB 50150—2016）、《额定电压 72.5 kV 及以上气体绝缘金属封闭开关设备》（GB/T 7674—2020）、《六氟化硫电气设备中气体管理和检测导则》（GB/T 8905—2012）及产品技术资料等规定和要求执行。

第五节　六氟化硫气体在线监测

一、六氟化硫气体在线监测泄漏系统

GIL 管道母线气室六氟化硫气体在线监测系统是高压电晕放电技术和电化学技术的有效结合，以及集数据采集、数据分析处理、通信技术于一体的开放系统平台。整个系统采用模块化设计，便于工程安装及工程维护。在传输条件完备的情况下，可以依托网络组建监控中心，在远端监控中心可随时掌握底端变电站、设备室内的温湿度、氧气含量等环境参量以及六氟化硫气体泄漏状况，从而可实现变电站无人值守，提高管理效率，完善维护体制。监控中心以数据库为核心，既可以实时监控变电站、设备室的环境及设备运行状况，又可以根据以往的环境、设备运行数据进行统计、分析，为管理者提供决策依据。

一般六氟化硫气体在线监测系统的组成：系统由主机、六氟化硫变送器、温湿度变送器、通风设备控制器等组成，可实时检测六氟化硫气体浓度、氧气含量、温湿度等。系统自动记录各种报警数据，通风设备启动数据，可以设定自动启动通风设备时间，六氟化硫泄漏超标以及氧气含量＜18%时，自动启动通风设备。根据用户需要提供与远程通信装置的接口，实现遥控、遥测、遥信等功能。

二、六氟化硫气体分解产物在线监测系统

GIL 管道母线腔体内部填充六氟化硫气体作为绝缘介质，六氟化硫是由卤族元素中最活泼的氟原子与硫原子结合而成，其分子结构是一个完全对称的八面体，硫原子居于八面体的中心，六个角上是氟原子，分子式为六氟化硫。通常状态下，纯净的六氟化硫是一种无色、无臭、无味、无毒、不燃的气体，其密度为 6.16 g/L（20 ℃），约为空气的 5 倍；熔点为 −50.8 ℃，临界温度为 45.64 ℃，临界压力为 3.85 MPa，分子直径为 4.77 Å，热传导率约为空气的 4 倍。

六氟化硫气体化学性质非常稳定，只有当温度大于 600 ℃ 时才开始分解；其具有极强的负电性，很容易吸收电子，加之密度大，分子半径大，移动速度慢，因此，它具有很好的绝缘性能和灭弧性能，是目前理想的绝缘介质。正常情况下，六氟化硫化学性质非常稳定，不易分解。但在放电故障和局部过热发生时，六氟化硫会分解出少部分对 GIL 管道母线腔体内部的金属和绝缘材料具有强腐蚀性的三氧化硫(H_2SO_3)、氟化氢(HF)和二氧化硫(SO_2)等酸性化合物，加速 GIL 管道母线的绝缘劣化，严重时将导致 GIL 管道母线发生突发性绝缘故障。因此，为发现 GIL 管道母线运行过程中的早期故障，并及时给出故障和发展趋势预警，开展 GIL 管道母线在线监测系统的研究显得尤为必要和重要。

鉴于以上情况，首先针对影响 GIL 管道母线绝缘气体状态的相关特征量进行分析，明确并得到了需要重点监测的量为：水（H_2O）、硫化氢（H_2S）、SO_2 及 HF；其次，通过对 GIL 管道母线进行建模和仿真，重点研究了 GIL 管道母线故障气体监测系统的传感器布置方案，得到了传感器单点监测和多点监测的横向和纵向布置方案，并针对不同方案给出了对应的数据处理算法；最后，结合仿真研究，研制并开发了 GIL 管道母线绝缘气体在线监测系统，该系统由现场单元和集控中心单元组成，现场单元能够实时采集传感器数据并将数据远程发送给集控中心，集控中心单元能够实时接收现场单元数据，并具备数据存储与调用，故障预警以及趋势分析等功能，为检修提供依据。

以 H_2O、H_2S、SO_2 及 HF 为特征量，设备生产单位积极研究并开发了集传感器布置方案、数据采集、远程通信、数据处理与数据存储的整套 GIL 管道母线在线监测系统，该系统对 GIL 管道母线在线监测具有一定的工程价值和指导意义。

后　记

　　由于历史原因，导致换流站内的 GIL 管道母线布置多呈上下平行垂直重叠布置，这种布置形式固然有其优势，但一旦发生故障或设备配件有瑕疵需要更换消除缺陷或大面积停电进行检修维护，就将面临较高风险和较多困难。为了让问题不再延伸，2019 年，中国南方电网公司在反事故措施中提出"对于处于设计阶段的新建工程（未投运工程），应优先变更设计方案，审慎使用 GIL 设备；确实无法实现设计变更的，应充分考虑检修便利性需求，禁止采用双层布置方式；GIL 设备型式试验方面增加了包括：X 射线探伤试验、热性能试验、密度试验、局部放电试验及雷电冲击耐压试验"等要求。为了切实履行反事故措施和满足便于检修等要求,广东电网直流背靠背东莞工程(大湾区南粤直流背靠背工程) 等一批南方电网公司的重点项目，已将 GIS 主母线和 GIL 管道母线调整成单层或品字形布置形式。

　　支撑本书的实践案例—— ± 800 kV 普洱换流站和 ± 500 kV 牛寨换流站 500 kV GIL 管道母线三支柱绝缘子更换工程及多个 GIL 管道母线故障后应急抢险项目，已先后安全投运至今。围绕该检修技术已取得 1 项发明专利、3 项实用新型专利，另收到 1 项发明专利和 1 项实用新型专利受理通知书；同时，已取得云南省省级工程建设工法一项。

　　目前，国内外都在大力发展直流输电，仅云南就有 9 座换流站，全部 GIL 管道母线都是呈上下层水平平行重叠布置型式。该检修技术简单、实用、高效、便捷，大幅缩短了整体检修时间，提高了云南水电消纳水平，在为粤港澳大湾区建设做出了突出贡献的同时，也助推了"碳达峰、碳中和"战略目标的早日实现，因此，该施工方法推广应用前景广阔。

参考文献

［1］ 汪红梅. 电力用油（气）[M]. 北京：中国电力出版社，2015.

［2］ 沈龙. 换流站运维技术[M]. 成都：西南交通大学出版社，2021.

［3］ 左亚芳. GIS 设备运行维护及故障处理[M]. 北京：中国电力出版社，2013.

［4］ 罗学琛. 六氟化硫气体绝缘全封闭组合电器（GIS）[M]. 北京：中国电力出版社，1999.

［5］ 李建明，朱康. 高压电气设备试验方法[M]. 北京：中国电力出版社，2001.

［6］ 全国气体标准化技术委员会.GB/T 12022—2014 工业六氟化硫[S]. 北京：中国标准出版社，2014.

［7］ 中国电力科学研究院. GB/T 8905—2012 六氟化硫电气设备中气体管理和检测导则[S]. 北京：中国标准出版社，2012.

［8］ 中国电力科学研究院. GB 50150—2016 电气装置安装工程电气设备交接试验标准[S].北京：中国计划出版社，2016.

［9］ 中国电力企业联合会.GB 50147—2010 电气装置安装工程高压电器施工及验收规范[S]. 北京：中国计划出版社，2010.

［10］ 全国高压开关设备标准化技术委员会. GB/T 7674—2020 额定电压 72.5 kV 及以上气体绝缘金属封闭开关设备[S]. 北京：中国标准出版社，2020.

［11］ 中国电力企业联合会. DL/T 1366—2014 电力设备用六氟化硫气体[S]. 北京：中国电力出版社，2015.

［12］ 中国电力企业联合会. DL/T 915—2005 六氟化硫气体湿度测定法（电解法）[S].北京：中国计划出版社，2005.

[13] 中国电力企业联合会. DL/T 506—2018 六氟化硫电气设备中绝缘气体湿度测量方法[S]. 北京：中国计划出版社，2007.

[14] 中国南方电网公司生产技术部. 南方电网公司反事故措施（2020版）. 广州，2020.

[15] 河南省日立信股份有限公司. RF-300 型六氟化硫气体回收净化装置技术手册. 郑州.

[16] 中国南方电网有限责任公司.Q/CSG 1205019—2018电力设备交接验收规程[S]. 北京：中国电力出版社，2018.

[17] 中国南方电网有限责任公司. QCSG 114002—2011 电力设备预防性试验规程[S]. 北京：中国电力出版社，2011.

[18] 中国南方电网有限责任公司. Q/CSG 51206007—2017 电力设备检修试验规程[S]. 北京：中国电力出版社，2017.

附　录

附录 A　RF-300 型六氟化硫气体回收净化工艺流程图

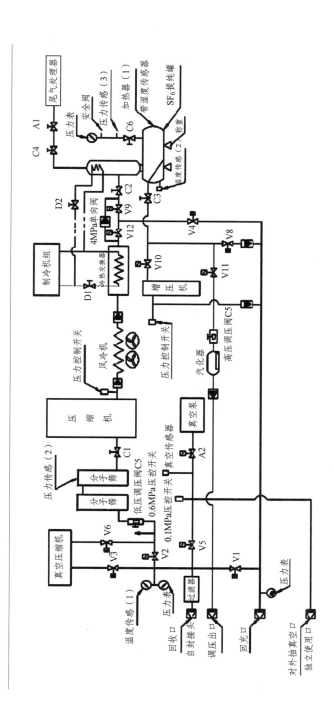

附录 B：±800 kV 普洱换流站 500 kV GIL 管道母线出线示意图

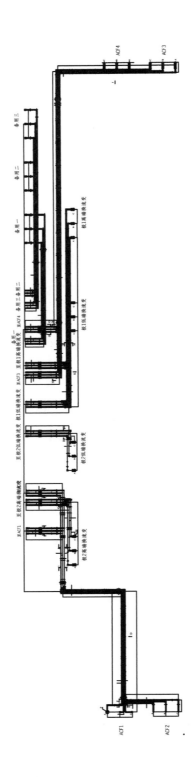